名贵珍稀菇菌栽培
新技术丛书

# 羊肚菌
# 玉蕈
# 鸡枞菌

严泽湘 主编

U0388022

化学工业出版社
·北京·

本书详细介绍了羊肚菌、玉蕈、鸡枞菌等的栽培现状、经济价值、形态特征、生长条件、菌种制作、栽培方法、病虫防治等内容。资料翔实、实用性和可操作性很强，很适合广大新老菇农使用，亦可作为职业院校相关专业师生教学的参考读物。

**图书在版编目（CIP）数据**

　　羊肚菌·玉蕈·鸡枞菌/严泽湘主编. —北京：
化学工业出版社，2014.11（2023.10 重印）
　　（名贵珍稀菇菌栽培新技术丛书）
　　ISBN 978-7-122-21766-0

　　Ⅰ.①羊… Ⅱ.①严… Ⅲ.①食用菌类-蔬菜园艺
Ⅳ.①S646

　　中国版本图书馆 CIP 数据核字（2014）第 206668 号

责任编辑：张　彦　　　　　　　文字编辑：李　瑾
责任校对：宋　玮　　　　　　　装帧设计：张　辉

出版发行：化学工业出版社（北京市东城区青年湖南街 13 号　邮政编码 100011）
印　　装：北京盛通数码印刷有限公司
850mm×1168mm　1/32　印张 6　字数 151 千字
2023 年 10 月北京第 1 版第 12 次印刷

购书咨询：010-64518888　　　　　　　售后服务：010-64518899
网　　址：http：//www.cip.com.cn
凡购买本书，如有缺损质量问题，本社销售中心负责调换。

定　　价：25.00 元　　　　　　　　　版权所有　违者必究

# 编委会成员

# 序

　　菇菌以其高蛋白、低脂肪、营养丰富、味道鲜美而著称，被世界营养学家和医学专家公认为"绿色食品"和"保健食品"，深受海内外消费者青睐。

　　菇菌是一种食品，可改善食物结构，对解决菜篮子工程和丰富人们餐桌上的花色品种大有可为。

　　菇菌生产是一种职业，可缓解广大农村和下岗工人再就业的一大难题。

　　菇菌生产也是一项保护环境的重要措施，它可将众多农作物下脚料变废为宝，消除许多污染环境的有害废弃物，使之变成优良的有机肥料，对改善土壤的团粒结构大有好处，可使农作物优质高产。

　　菇菌产品可出口创汇，提高经济效益，是广大农民发财致富的一条重要途径。

　　为适应广大新老菇农的要求，我们组织富有多年实践经验的科技人员编写了这套"名贵珍稀菇菌栽培新技术"丛书，一共6本，其书名分别为：《巴西蘑菇·松茸·香白蘑》、《鸡腿菇·竹荪·白参菌》、《莲花菌·红菇·蟹味菇》、《羊肚菌·玉蕈·鸡枞菌》、《金针菇·黑鲍菇·杏鲍菇》、《小平菇·杨树菇·田头菇》。其实，每本书中不仅只这三个品种，还有些珍稀品种无法排列在封面上，只好屈居"闺中"——在书内第四章中可看到一些光彩照人的珍藏品。

　　这套丛书有几个闪光点，看了让人耳目一新。

　　一是品种新：许多品名都是新面孔，一般读者可能很难看到和听到这些品名。这些品种有的是近年来从国外引进的新品种，有的是我国科技工作者从野生菇菌中驯化栽培而来的新品种。

二是栽培技术新：几乎每个品种，在栽培方法上除了一般常规栽培技术外，还介绍了众多优化栽培新法，供新老菇农选用。

三是栽培原料新：除了常用栽培料棉籽壳、锯木屑等外，还介绍了稻草、棉秆、玉米芯、蔗渣、酒糟、菌草等许多可用的栽培料，菇农可因地制宜，就地取材，极为方便。

四是插图多：除了菇菌的形态特征图外，还有部分生产操作图、病虫害防治图等，有很强的直观性和实用性。

此外，这套丛书还有一个显著的特色：在栽培场地上有室内室外；在出菇方式上有大床铺料地栽、床架立体栽培、野外闲地阳畦栽培、大棚立体栽培、林地仿野生栽培、高秆作物行间套种、温室蔬菜行中兼作等。堪称琳琅满目、应有尽有。各地菇农可因地制宜加以选用。

丛书中的绝大多数品种的栽培技术都是成熟的经验，但也有些品种正处在驯化栽培之中，需要有识之士进一步研究探索，以便相关技术日臻完善。

"空谈误国，实干兴邦"，治理国家如此，振兴菇业亦然。让我们以实际行动，在菇菌产业这块宝地上，为建成小康社会和实现民富国强的"中国梦"作出应有的贡献！

严泽湘
2014 年 12 月于荆州古城

# 前　言

　　羊肚菌是世界性著名食用菌，其子实体质脆清香，鲜美可口，很受消费者欢迎。尤为可贵的是具有抗肿瘤的功效，极具开发前景。目前人工栽培正在驯化之中，因此，产量很少，国内外市场货源紧缺，价格坚挺，产区收购价每千克干品在500～600元左右，国际市场收购价每千克在200美元左右，经济效益极为可观，具有巨大的潜在开发价值。

　　玉蕈又名假松茸。该菇形态优美，质地脆嫩，味道鲜美，在日本，人们常把它与珍贵的松茸相提并论，享有"闻则松茸，食则玉蕈"之誉。玉蕈含有数种多糖成分，具有较强的防癌功能，很受消费者欢迎。鲜菇售价每千克25～30元，出口盐渍菇每吨9500～10000元。经济效益可观，可大力发展生产。

　　鸡枞菌与土栖白蚁有一定的共生关系，野生时有白蚁巢的地方才有鸡枞菌。经过驯化栽培，现有少量人工栽培，产量极为稀少，价格十分昂贵，畅销国内外，极具开发价值。

　　在本书第四章中，还介绍了牛肝菌、牛舌菌、鸡油菌、猪肚菌、虎奶菇等几个珍稀品种，以供新老菇农选用。

　　因编者水平有限，书中疏漏之处在所难免，敬请广大读者批评指正。

编者
2014 年 12 月

# 目 录

# 第一章
# 羊肚菌

## 一、概　述

羊肚菌别名羊肚菜、狼肚菜、蜂蘑、阳雀菌、羊雀菌、编笠菌、包谷菌等，因其形态似羊肚而得名。在分类上属子囊菌亚门、盘菌纲、盘菌目、羊肚菌科、羊肚菌属真菌。该属全世界已知的约28种，我国已知的18种。常见的有黑脉羊肚菌、尖顶羊肚菌和粗腿羊肚菌。

羊肚菌分布很广，在亚洲、欧洲、北美洲及太平洋地区均有分布。我国陕西、甘肃、青海、新疆、四川、山西、江苏、云南、河北、内蒙古、吉林、辽宁、黑龙江等地也有分布。从我国的情况来看，产量最多的是云南和四川，每年收购干品100多吨，占全国总产量的50%，其次是陕西和甘肃。质量最优的是山西吕梁地区和甘肃的迭部县，其产品肉厚、柄短，气味香浓，深受外商欢迎。

羊肚菌早在100多年前，英、美、法、德等国就对其进行了驯化栽培。1982年，美国旧金山州大学生物系的Ronower，首次在《真菌学报》上发表了羊肚菌人工栽培成功的报道，并先后获得羊肚菌栽培的两项专利。2005年，美国密歇斯州DND公司开发羊肚菌获得成功。其方法是采用木屑和发酵的树叶为原料，在菇房内培育出羊肚菌，从播种到出菇采收只需70天时间。该公司已成为美国中西部地区最大的羊肚菌生产基地和供应商，是目前世界上唯一实现羊肚菌产业化栽培的公司。

我国羊肚菌开发也有很长的历史，20世纪50年代华中农大杨新美教授就着手研究，开发了羊肚菌半人工栽培技术及相关的基础理论。四川省绵阳市食用药研究所朱斗锡所长，经过多年研究，取得了羊肚菌人工栽培的新进展，1994年获得国家金奖。他研制的405号羊肚菌菌株，2000年获国家发明专利。2007年基本上攻破羊肚菌大田栽培的关键技术，近两年来，四川绵阳、成都双流、宜宾等地和云南的丽江等地区，已进行羊肚菌商品化大田栽培，并获得较高的经济效益。

目前，羊肚菌货源紧缺，价格坚挺，国内收购价每千克在500～600元以上；国际市场每千克达200美元，经济效益十分可观，值得大力发展生产。

# 二、营养成分

据分析测定，每100克羊肚菌干品含粗蛋白22.8克，脂肪4.3克，碳水化合物62.9克，维生素C 5.80毫克，维生素$B_1$ 3.92毫克，维生素$B_2$ 24.6毫克，烟酸82.0毫克，泛酸8.27毫克，叶酸3.48毫克，吡哆醇5.8毫克，生物素0.75毫克。此外，还含有丰富的钾、磷、钙、铁、锌等矿物质元素。

# 三、药用功能

羊肚菌性平，味甘。具有健胃补脾、益肾补脑和化痰理气之功效，并可防癌抗癌和抑制艾滋病。

# 四、形态特征

因品种不同，形态特征略有差异。

## 1. 羊肚菌

又名圆顶羊肚菌，子实体单生或群生，小或中等大。菌盖不规则圆形至长圆形，淡黄褐色，长4～6厘米，直径4～6厘米，表面形成许多凹坑，似羊肚状，茶褐色；菌柄乳白色，长5～7厘米，粗2～2.5厘米，有浅沟，基部稍膨大。子囊（200～300）微米×

(18～22)微米；子囊孢子8个，透明无色，单行排列，长椭圆形，(20～24)微米×(12～15)微米。侧丝顶端膨大（图1-1），为羊肚菌代表种。

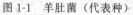
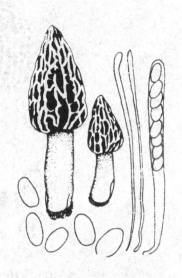

图1-1　羊肚菌（代表种）　　　　　图1-2　尖顶羊肚菌

## 2. 尖顶羊肚菌

又名圆锥羊肚菌，子实体较小，菌盖近圆锥形，顶端尖，高3～5厘米，宽2～3.5厘米，表面凹下形成许多长形凹坑，多纵向排列，浅褐色。柄白色，有不规则纵沟，长3～6厘米，粗1～2.5厘米。子囊（250～300)微米×20微米。子囊孢子椭圆形，8个单行排列，(20～24)微米×(12～15)微米（图1-2）。

## 3. 粗腿羊肚菌

又名粗柄羊肚菌。子实体中等大小。菌盖近圆锥形，长5～7厘米，宽5厘米，表面有许多凹坑，似羊肚状，凹坑近圆形或不规则形，大而浅，淡黄色至黄褐色，表面布以子实层，由子囊和侧丝交织成网状，网棱窄。柄粗壮，黄白色，基部膨大，稍有凹槽，长7厘米，粗5厘米。子囊圆柱形，260～270微米，侧丝顶端膨大，

3

270 微米×4.5 微米。子囊孢子 8 个，单行排列，于子囊内，无色，椭圆形，(22～25)微米×(12.5～17.5)微米（图 1-3）。

图 1-3　粗腿羊肚菌

# 五、生态习性

　　羊肚菌野生时，常于春末夏初生长于海拔 300～1500 米的丘陵及山区的栎、桦等阔叶林和混交林等中，尤其喜生于苹果园中，也可生长于胡桃属林地的潮湿地上或腐殖质上，在沟坡、田边及玉米地等阴湿处也可生长。尖顶羊肚菌在堆过烟煤、木炭的地方往往生长较多。在我国的大黑山，羊肚菌的发生地常与前 1 年或多年前该地被水冲积或浸泡过有关。因此可以断定，羊肚菌的发生与海拔高低无特殊关系，主要受地区气温和湿度所左右。

# 六、生长条件

## 1. 营养

　　羊肚菌菌丝体在多种培养基上都能生长。能利用蔗糖、葡萄糖、可溶性淀粉、麦芽糖等作为碳源，可利用硝酸钾、硝酸铵、尿素、天冬氨酸等作为氮源。木材、松针、麦芽、苹果及壳斗科植物的提取液，对羊肚菌的生长有促进作用。人工栽培时注意调配好培养基中的有关营养成分，即可满足生长要求。

**2. 温度**

菌丝在3～28℃均能生长，最适温度18～22℃，低于3℃停止生长，高于28℃停止生长或死亡。子实体在10～22℃范围内均能生长，最适温度15～18℃。低于15℃或高于18℃，不利于子实体正常发育。但一定的昼夜温差10～15℃可促进子实体形成。

**3. 湿度**

羊肚菌适宜在土质湿润的环境中生长。菌丝生长阶段对土壤含水量要求不严，30%～70%的含水量均能生长，但以60%～65%为最适宜，含水量超过70%，菌丝生长停止；低于55%时，菌丝生长纤弱。子实体形成和生长，适宜的空气湿度为75%～95%，但以80%～90%为最适宜。

**4. 光照**

营养生长阶段不需光照，菌丝在暗处或微光条件下，生长很快，光线过强抑制菌丝生长。子实体形成和发育需要一定光照。羊肚菌子实体有较强的趋光性，其子实体往往朝着光线方向弯曲生长。如覆盖物过厚或树林过密、过阴及全天太阳直射的地方，都不适宜子实体生长。最适宜"花花阳光"照射。

**5. 空气**

羊肚菌菌丝生长阶段，对空气无明显反应，在子实体形成和发育阶段，对空气十分敏感，若二氧化碳浓度超过0.3%，子实体生长无力，它与绿色植物共生时生长十分健壮。因此，人工栽培时，除保持良好的通风换气外，若能与蔬菜、花卉等植物兼作套种则有利于高产。

**6. pH值**

适宜羊肚菌生长的pH值与大多数食用菌基本相同。培养基或土壤的 pH 值为 7.0～7.5 之间。若 pH 值降至 3.0 以下或高于 9.0 以上，菌丝则停止生长或死亡，羊肚菌不适于酸性环境，若 pH 值为 5 时，则不易产生子实体。

# 七、菌 种 制 作

## （一）母种制作

### 1. 培养基配方

母种培养基与羊肚菌母种的分离培养有密切关系。这里收集了各地科研部门经过试验筛选的几种配方，供选用。

① 马铃薯 200 克，葡萄糖 20 克，硫酸铵 2 克，蛋白胨 1 克，硫酸镁 1 克，磷酸二氢钾 1 克，水 1000 毫升，pH 值 6.5～7（华南师范大学生物系张松等，2001）。

② 豆芽 200 克（煮汁），葡萄糖 20 克，琼脂 20 克，硫酸镁 0.3 克，磷酸二氢钾 1.5 克，维生素 $B_1$ 10 毫克，水 1000 毫升，pH 值 6.5（四川绵阳食用菌研究所朱斗锡等，2008）。

③ 马铃薯 200 克，葡萄糖 20 克，磷酸二氢钾 1.5 克，硫酸镁 0.3 克，维生素 $B_1$ 10 毫克，水 1000 毫升，pH 值 6～7（陕西生物科学与工程学院李树森等，2008）。

④ 黄豆芽 200 克（煮汁），麦麸 200 克，腐殖土 100 克（悬浮液），玉米粉 50 克，蔗糖 20 克，琼脂 20 克，水 1000 毫升，pH 值 6～7（长白山真菌研究所王绍余，2009）。

⑤ 阔叶树木屑 400 克，黄豆粉 100 克，蔗糖 20 克。

⑥ 酵母膏 1 克，玉米粉 100 克，麦麸 40 克，蔗糖 20 克。

⑦ 苹果 50 克，蛋白胨 1 克，蔗糖 20 克。

④～⑦四种配方均另加磷酸二氢钾 1 克，硫酸镁 1 克，琼脂 20 克，水 1000 毫升，pH 值自然（沈阳大学农学系杨绍彬、牛志涛等设计）。

⑧ 黄豆芽 500 克，白糖 20 克，琼脂 20 克，羊肚菌基脚土

50 克。

⑨ 黄豆芽 500 克，白糖 20 克，琼脂 20 克，磷酸二氢钾 1 克，硫酸镁 1 克。

⑩ 马铃薯 200 克，白糖 20 克，蛋白胨 0.5 克，牛肉膏 0.5 克。

⑪ 蛋白胨 1 克，白糖 20 克，琼脂 20 克，酵母膏 1 克，磷酸二氢钾 1 克，硫酸镁 1 克。

⑫ 杨树木屑 500 克，白糖 20 克，琼脂 20 克。

⑧～⑫五组配方，由吉林农垦特产高等专科学校唐玉芹、赵义涛设计。

⑬ 小麦 50 克，苹果渣 50 克（煮汁），磷酸二氢钾 2 克，葡萄糖 20 克，硝酸钾 0.1 克，氯化钾 0.5 克，硫酸镁 0.5 克，硫酸亚铁 0.01 克，琼脂 20 克，水 1000 毫升，pH 值 7～7.5（李峻志等，2001）。

**2. 配制方法**

同常规。

**3. 母种分离**

分离方法有以下三种。

**(1) 孢子分离法**　采集的羊肚菌种菇，表面可能带有杂菌，要用 75% 的酒精擦洗 2～3 遍，然后再用无菌水冲洗数次，用无菌纱布吸干表面水分。分离前还要进行器皿的消毒。把烧杯、玻璃罩、培养皿、剪刀、不锈钢钩、接种针、镊子、无菌水、纱布等，一起置于高压灭菌器内灭菌。然后连同酒精灯和 75% 酒精或 0.1% 升汞溶液，以及装有经过灭菌的琼脂培养基的三角瓶、试管、种菇等，放入接种箱或接种室内进行一次消毒。

孢子采集可分整菇插种法、三角瓶钩悬法等方法。操作时要求在无菌条件下进行。

① 整菇插种法。在接种箱中，将经消毒处理过的整朵种菇，插入无菌孢子收集器里；再将孢子收集器置于适温下，让其自然弹射孢子（图 1-4）。

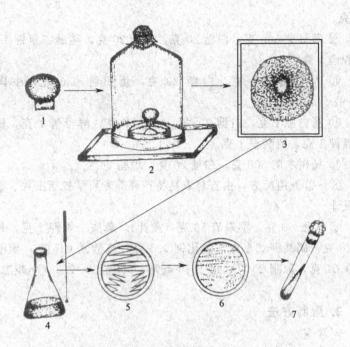

图 1-4　钟罩法采集分离伞菌类孢子

1—种菇；2—孢子采集装置；3—孢子印；4—孢子悬浮液；
5—用接种环沾孢子液在平板上划线；6—孢子萌发；
7—移入试管培养基内培养

②三角瓶钩悬法。将消过毒的种菇，用剪刀剪取拇指大小的菇盖，挂在钢钩上，迅速移入装有培养基的三角瓶内。菇盖距离培养基 2～3 厘米，不可接触到瓶壁，随手把棉塞塞入瓶口。为了便于筛选，一次可以多挂几个瓶子。

**(2)组织分离法**　组织分离法属无性繁殖法。它是利用羊肚菌子实体的组织块，在适宜的培养基和生长条件下分离培养纯菌丝的一种简便方法。

**(3)基内分离法**　在野外采集羊肚菌种菇的地面，挖取基质（含腐殖物土壤），除去附着物，提取其中粗壮、新鲜的菌丝夹，清水洗净，晾干；在无菌条件下，用无菌水反复冲洗，纱布吸干后，用接种针钩取菌丝夹先端的一小块，移接入试管斜面或培养皿的培养基上，在25℃条件下培育。

以上各分离法均可提纯培育出母种。

**4. 接种培养**

将分离的母种按常规接入配制好的斜面培养基上，每支母种可接10～15支试管，母种只能扩繁一次，不能多接或多扩，更不能传代，否则影响子实体生长。接种后置18～22℃下避光培养，7天左右可长满斜面培养基，如不及时使用，需放入冰箱于0～3℃下保存，但时间最长不得超过半年。

## （二）原种和栽培种的制作

### 1. 培养基配方

羊肚菌原种与栽培种的培养基配方可以通用。常见配方有以下几种。

① 栎树木屑50％，棉籽壳30％，麦麸皮15％，白糖、石膏、过磷酸钙各1％，羊肚菌基脚土2％（水溶液，下同）；或栎树木屑76％，麦麸10％，黄豆粉5％，玉米粉5％，白糖1％，石膏1％，腐殖土2％（从桂芹，2009）。

② 棉籽壳40％，木屑35％，麦麸20％，腐殖土2％，过磷酸钙1％，石膏1％，白糖1％。接种后在24～27℃下培养，菌丝浓密、健壮、长势强（张松等，1994）。

③ 杂木屑75％，黄豆粉5％，麦麸10％，玉米粉5％，石膏1％，白糖1％，过磷酸钙1％，林下腐殖土2％，pH值自然。采用这种培养基，羊肚菌菌丝生长健壮，22天长满瓶（杨绍斌等，1998）。

④ 棉籽壳70％，玉米芯20％，麦麸5％，羊肚菌渣2％，葡萄糖1％，石灰1％，过磷酸钙1％，维生素$B_1$ 10毫克/千克（李素玲等，2000）。

⑤ 杂木屑65％，麦麸20％，松针粉10％，蔗糖1％，石膏1％，腐殖土2％，过磷酸钙1％，pH值6.5～7（李峻志等，

2001)。

⑥ 硬杂木屑 75%，黄豆粉 10%，麦麸 10%，玉米粉 5%。

⑦ 硬杂木屑 75%，米糠 20%，黄豆粉 5%。

⑧ 玉米芯 50%，硬杂木屑 30%，米糠 20%。

⑨ 稻草粉 75%，米糠 15，黄豆粉 5%。

⑥～⑨各配方中均加石膏 1%、白糖 1%、过磷酸钙 1%、林下腐殖土 2%，pH 值自然。

**2. 配料、装瓶（袋）、灭菌**

按常规进行。

**3. 接种培养**

**(1) 原种接种法** 原种是由母种接人，每支羊肚菌母种，可扩接成原种 4～6 瓶。

**(2) 栽培种接种法** 栽培种是由原种进一步扩大繁殖而成，每瓶原种可接栽培种 30～40 瓶或袋。

**(3) 培养管理** 羊肚菌原种和栽培种接种后移入培养室发菌，培养室要求清洁干燥、避光，培养温度控制在 15～18℃，有利于菌丝正常生长。如果室温低于 8℃ 或高于 28℃，菌丝停止生长或死菌。室内要遮光，空气相对湿度控制在 70% 以上，防止潮湿。每天定时开窗通风换气，保持室内空气新鲜。经常检查菌丝生长状况，发现杂菌污染，应及时搬离淘汰，防止蔓延。

**(4) 质量检验**

① 菌龄。用来栽培的菌种，菌龄以 30～35 天、菌丝走至离瓶、袋底 1～2 厘米为宜。菌种菌龄超长，开始出现菌被，表面出现浅褐色，表明菌丝开始老化，菌种收缩，过于干燥；或有子实体发生，菌丝活力有变弱趋势。老化菌种带杂的可能性较大，接种后污染率较高，不能使用。

② 外观。正常羊肚菌菌种菌丝为白色转棕黄色，健壮有力，走势整齐，无间断，无节疤。凡是菌种及棉塞上发现有红、褐、灰、黑、绿、黄色的斑点，说明菌种已被杂菌污染，此类菌种属劣质菌种，绝对不能使用。

③ 基质。正常菌种的菌丝与瓶、袋壁紧贴，布满全瓶、袋，看不见培养料，上下内外一致，密集；尖端整齐，茸毛菌丝旺盛。若是菌袋的手感紧实，稍有弹性，菌种挖出成块而不松散，这是优良菌种的表现。

# 八、常规栽培技术

## 1. 栽培季节

羊肚菌野生时，多于春末夏初发生在林中潮湿地上及河边沼泽地上，是春季著名的野生食用菌。其菌丝生长最适宜的温度为18～22℃，子实体形成和生长最适宜的温度为15～18℃。因此，各地应根据本地气温条件确定栽培季节。一般黄河以南地区，可在3月上中旬播种，5月中下旬出菇。长江以南地区可适当提前20天左右播种；黄河以北及西南地区，可推迟30天左右（即在4月中下旬）播种。

## 2. 栽培料配方

羊肚菌栽培料主要采用固体培养基，这里收集部分配方，供栽培者选用。

① 栎树木屑70%，麦麸25%，白糖1%，石膏1%，细土3%，含水量65%，pH 6.5（朱斗锡，2008）。

② 玉米芯40%，杂木屑20%，豆壳15%，麦麸20%，磷肥1%，石膏1%，白糖1%，草木灰2%，含水量60%左右，pH 6～7（李树林、陈文强，2008）。

③ 玉米芯35%，棉籽壳15%，杂木屑20%，麦麸10%，北芪渣（中药材）或杨树根土20%，含水量65%，pH6～7（李素玲，2000）。

④ 农作物秸秆、玉米秆或豆秸75%，米糠10%，麦麸10%，蔗糖1%，石膏1%，过磷酸钙1%，土壤2%，含水量65%，pH6.5～7.5（兰进等，2001）。

⑤ 杂木屑40%，棉籽壳35%，麦麸20%，磷肥1%，腐殖土

3%，石膏 1%，含水量 65%，pH 值自然（丁湖广，2004）。

⑥ 棉籽壳 75%，麦麸 20%，石灰 1%，石膏 1%，腐殖土 3%，含水量 65%，pH 值自然（宋丽光，2004）。

### 3. 配料与装袋

任选以上配方一种，按常规配制、接种培养。

羊肚菌人工栽培方式是以熟料袋为主，因此多采用塑料袋（也可采用罐头瓶等容器装料，作为长菇载体）。采用装袋机装袋（每台每小时 1500～2000 袋），装袋量因基质不同差异较大，木屑为原料的因材质不同硬软有别，棉籽壳为原料的，棉籽壳附着棉纤维多少有异，玉米芯、甘蔗渣、豆秸粉等较为疏松。因此，每袋装料量标准无统一规定。这里以杂木屑和棉籽壳等混合原料为配方，不同规格栽培袋，一般松紧度的装料量见表 1-1。

表 1-1　羊肚菌不同规格栽培袋的装料量

| 袋长×宽/厘米 | 主要原料 | 干料容量/克 | 湿重量/克 | 装料后高度/厘米 |
|---|---|---|---|---|
| 15×38 | 木屑、棉籽壳 | 500～600 | 1060～1200 | 18～20 |
| 17×33 | 木屑、棉籽壳 | 400～450 | 860～930 | 15～16 |
| 17×35 | 蔗渣、杂木屑、棉籽壳 | 550～600 | 1180～1280 | 18～19 |
| 20×42 | 玉米芯、豆秸粉、棉籽壳 | 600～650 | 1280～1380 | 28～23 |

### 4. 灭菌要求

培养料装袋后进入灭菌工序。高压蒸汽灭菌，锅内压强 0.152 兆帕，灭菌时间视培养料性质，分别控制在 1.5～2.5 小时。大规模栽培采用常压灭菌，按灶体大小和容量，一般 6000～8000 袋/灶的，其灭菌时间为温度达 100℃后，保持 20～24 小时，中间不掺冷水、不降温，达标后卸袋冷却。

### 5. 接种培养

料袋灭菌后，冷却至 30℃以下，按常规接种。接种后，搬进室内养菌，在适温条件下培养 30～40 天，菌丝长满袋；若气温偏低需 50 天长满袋，经后熟培养 20～25 天，再转入菇棚出菇。养菌管理主要控制好以下五点。

**(1) 恒定适温** 培养室内温度调控至 $15\sim18$℃，最适合菌丝生长。在适合的培养基和恒定温度范围内，菌丝日平均生长 $1\sim1.6$ 毫米。秋末冬初气温偏低，如果培养室温度低于 10℃，应人工增温，可采用空调或电热等设施提升温度，防止低温阻碍菌丝正常生长。

**(2) 保持干净** 培养室保持清洁卫生，要求干燥、不潮湿，空气相对湿度 70% 以下，若湿度偏大，可在地面撒石灰粉除湿。

**(3) 遮光培养** 菌袋培育期间，门窗应挂窗纱或草帘遮光，但要注意通风，不能因避光把培养室堵得密不透风，造成空气不对流。

**(4) 通风换气** 经常开窗通风更新空气，如果通风不良，室内二氧化碳沉积过多，会伤害菌丝体的正常呼吸；同时，也给杂菌发生提供条件。尤其是秋季时有高温，如果不及时通风，会使室内菌温上升，对菌丝生长发育不利。

**(5) 翻堆检查** 菌袋在室内培养期间要翻堆 $4\sim5$ 次，第一次在接种后 $6\sim7$ 天，以后每隔 $7\sim10$ 天翻堆一次。翻堆时做到上下、里外、侧向等相互对调。

翻袋时认真检查杂菌，常见在菌袋料面和接种口上，分别有花斑、丝条、点粒、块状等物，其颜色有红、绿、黄、黑不同，这些都属于杂菌污染。也有的菌种不萌发，枯萎、死菌等，通过检查分类处理。

**6. 出菇管理**

将养好的菌袋脱袋后于菇房地下或床架上出菇，也可在室外利用林阴地做畦排袋出菇。具体要求如下。

**(1) 菇房排袋出菇** 先将菇房或床架进行消毒，每平方米空间用甲醛 10 毫升加高锰酸钾 1 克进行密闭熏蒸。将菌袋脱袋后排于菇房地上或床架上。每层床面上铺一块塑料薄膜，上铺 3 厘米厚的腐殖土，拍平后将菌袋逐个排于其上，每平方米床面可排 17 厘米×33 厘米的菌袋 40 个。

排完后喷轻水 1 次，覆土 3～5 厘米，表面再盖 2 厘米厚的竹叶或阔叶树落叶，保持土壤湿润。30 天后可长出羊肚菌子实体。

**（2）阳畦排袋出菇**　选择"三分阳、七分阴"排水便利的林地做畦，畦宽 100 厘米、深 15～20 厘米，长度不限。整好畦后轻浇 1 次水，并用 10％的石灰水浇洒畦床内，以杀灭害虫和杂菌。排袋方法及覆土等同室内排袋要求。只是底层不必铺薄膜，要注意畦内温度变化，防止阳光直射。

**7. 病虫防治**

羊肚菌在菌丝生长与子实体生长阶段都会发生病虫害，要以预防为主，保持场地环境清洁卫生。播种前对菇房或场地进行灭菌杀虫处理。后期发生虫害，在子实体未发生前可喷除虫菊酯或 10％的石灰水，以利杀灭害虫与杂菌。

**8. 采收**

羊肚菌从子实体出现到成熟一般需 10～15 天，当子实体颜色由灰色变为金黄褐色菌、帽网眼充分张开，由硬变软时，表示已经成熟，即可采收。如不及时采收，很快就会被虫蛀蚀，最后留下菇体躯壳。羊肚菌的成熟参差不齐，必须分批采收。采收时用手捏住菌柄，左右轻轻摇动连根拔起，注意不要损伤周围幼小羊肚菌。采大留小，可持续采收 1 个多月。

# 九、优化栽培新法

## （一）野外生料仿生栽培法

现有羊肚菌栽培主要采取熟料袋栽或床栽，能否像竹荪一样采用生料野外栽培？经各地探索与攻关，已取得突破性进展。现将野外生料仿生态栽培方法介绍如下。

**1. 菌种分离**

**（1）母种分离培养基**　马铃薯 20％，葡萄糖 2％，磷酸二氢钾 0.005％，硫酸镁 0.003％，维生素 $B_1$ 10 毫克，水 100 毫升制成试管斜面母种培养基。

**（2）组织分离**　采集野生尖顶羊肚菌，取菌柄切成 4 厘米小段，用无菌水冲洗 30 分钟后，置于 75% 的酒精中消毒 20～30 分钟，再用 0.1% 的氯化汞溶液处理 5 分钟，最后用无菌水连续冲洗 5 次。将菌柄纵切，挑取中间 0.2 厘米×0.2 厘米的组织小块，接种于斜面培养基上，在 28℃ 下培养 6～8 天菌丝长满试管斜面即为母种。

**（3）原种和栽培种培养**　用母种按无菌要求接种在前文菌种制作（二）介绍的培养基上培养，即可获得原种和栽培种。

**2. 栽培方法**

**（1）栽培培养料**　玉米芯（粉碎）75%，麦麸 20%，磷肥 1%，石膏 1%，白糖 1%，草木灰 2%，料水比 1：1.3（含水量 60% 左右），pH 自然。

**（2）选地挖坑**　在海拔 1100 米的稀疏林下及林缘地进行，山势从东向西，林相以栎类、桦树为主。土质为黄砂石土，pH 7.5，年均降水量 860 毫米，年平均气温 13.2℃，年无霜期 230 天左右。11 月初在林下及林缘边平缓的半阴半阳、土质疏松潮湿、排水性好的坡地，挖 20～25 厘米的栽培坑。

**（3）铺料播种**　栽培时先用水将坑底浇湿，在湿土上铺一层培养料，压平后铺料厚 4～5 厘米。菌种按每平方米 2 袋（12 厘米×28 厘米袋）计算，播种时将菌种掰成 2～3 厘米$^3$ 大小的菌块，均匀地撒在料上，并覆盖薄薄的一层细腐殖土；然后铺第二层料，压平后仍以同法播种，并覆盖 3～5 厘米厚的疏松腐殖土；再盖一层阔叶树树叶，并在其上适当洒些水，以保湿、保温。在树叶上搭盖一些树枝或刺条，以防人、畜践踏或树叶被风吹掉。

**3. 出菇管理**

羊肚菌是喜湿的菌类，整个生长过程中保湿十分重要。早春遇干旱时，要适时浇水。早春遇 4℃ 以下寒冷或 16℃ 以上温热时，会影响子实体的发育。因此，气温低时要覆盖稻草、麦秸或玉米秸等保温；气温高时要掀开覆盖物，加强通风换气。

羊肚菌是变温结实性菌类，早春3～4月份让阳光照射，可适当提高地温。白天用塑料薄膜搭盖保温增温，夜间掀开覆盖物降温，造成4～16℃的温差刺激，以便形成子实体。

长菇期要注意防冻害。当气温降至0℃以下时会造成原基全部冻死。而子实体形成后，要注意遮阴，防止太阳直射子实体。

### 4. 采收

人工栽培羊肚菌，从覆土到子实体发生直至采收，通常为20～30天，气温偏低，子实体发生时间延迟，菇体发育相对缓慢。

① 成熟标志。羊肚菌子实体出土后7～10天就能成熟。一般长到七八成熟时采收。基本标志是整个菇体分化完整，由深灰色变成浅灰色或褐黄色，菌盖饱满，盖面沟纹明显；菌柄抽长与菌盖相连，此时就要采摘。开采时间，一般在上午9～12时。

② 采收方法。采收时手指捏住菌柄基部，轻轻拔起，放入竹筐中，筐底铺放卫生纸或茅草，顺序排叠，轻取轻放，防止菇体破碎，影响产品外观和降低等级。

## (二) 室外熟料仿生栽培法

根据江西临川市丁湖食用菌厂方金山（2001）报道，羊肚菌室外仿野生栽培，可提高产量和品质，现将该技术介绍如下。

### 1. 制种时间

羊肚菌适宜出菇期为5月中旬至10月上旬，菌袋覆土时间掌握在3月下旬至4月底，所以制菌袋应安排在2月上旬，原种应在10月底到元月初开始制种。

### 2. 菌袋制作

培养料以板栗树为主的壳斗树材最为理想。其配方为：棉籽壳42%，栗木屑40%，麸皮15%，红糖、石膏、微肥各1%，pH值5.5～6.5，含水量60%。常规配料后用17厘米×30厘米×0.045厘米聚丙烯袋装料，袋料中间打直径1.5～2厘米的孔，深为2/3袋。套上套环和塞棉塞，常压下灭菌12小时，冷却至40℃后搬入接种室外覆土栽培。

**3. 做畦**

应选中性偏酸土壤做畦。东西走向，畦宽为 45～55 厘米，长 3 厘米左右，深 25～30 厘米，畦与畦横纵间隔以 70～100 厘米为宜，畦边垂直，底面要平。做好畦后要在阳光下暴晒 2～3 天，栽培前一天，将畦灌一次大水，土壤干旱保湿性能差的可灌满畦，反之少灌一些水。

**4. 排放菌筒**

排放菌筒前，畦底先撒上薄薄的一层石灰粉，以地见白为宜。同时撒些敌百虫粉以防害虫，也可配成 500 倍液喷洒。然后向畦内回填 2～3 厘米的浮土，以便栽培时找平。在远离畦的地方脱袋，脱袋时，先将手、刀和搬运菌袋的盆或筐用 2% 来苏尔水溶液消毒。先取下菌袋的棉塞、套环，用锋利的小刀将料袋纵向划开，剥去塑料袋，将菌筒放入干净的筐内搬至畦边即可排放。菌筒单层直立放在畦内，菌筒整齐排紧，横竖要对齐，且保持上表面平整，便于覆土，45 厘米的畦能排 4 行菌筒，55 厘米的畦能排 5 行菌筒。

**5. 覆土**

选用深层生土或提前准备好的土，挑净土中杂物，打碎土块即可。覆土时尽可能填满菌筒间空隙，第一次覆土厚 1.5 厘米，并浇第一次水，浇水时要在畦面上喷洒，将覆土湿透、沉实。水渗后进行第二次覆土，进一步将菌筒间空隙填满，并保持菌筒上覆土层 1～1.5 厘米，再用水将土润湿，然后畦上架拱竹、木，上覆塑料膜，再盖上草帘遮阳，两端留 10 厘米的通风口，并用砖、石压好防风。

**6. 搭建拱棚**

菌筒排畦后 7～10 天搭建拱棚，最迟要在出菇前做好，做拱棚时，要修好畦四周的排水沟，在畦四周筑成土埂，然后用薄膜或编织袋（宽 50 厘米）将土帮包好，先用尖硬的小钩在菌块与土帮之间划深 2 厘米的沟，将薄膜或编织袋的下缘用土压实，上缘用土压在排水沟内侧。包土帮可防止羊肚菌侧面沾有泥沙。然后将畦面整平,摆上直径 1～1.5 厘米的小石子或卵石,间距 0.5～1 厘米,目的是防止羊肚菌底面沾有泥沙。最后用竹片在畦上做拱,或用竹竿和木棍搭建三角形菇棚。用木桩在畦的北侧两端固定高 30 厘米左右的木桩,东西搭上竹竿或木棍,南北搭上小木棍或竹竿,南面搭在排水沟土埂上,北面固定在竹竿或木棍上,然后盖上塑料薄膜,南侧用土压在排水沟内侧,北侧用砖压住,以便操作,东西两端活动以便通风。最后在南侧加盖草帘遮阳,北侧用来透光,这样棚内既可避免直射阳光照射,又有较强散射光(光线以达到能阅读报纸为准)以利出菇。

### 7. 出菇管理

菌筒排畦后,一般 7～15 天内(早春),不能放大水,可每天或几天适当喷一次小水,保持土表干燥,小棚空气湿度 60%～70%左右,7～15 天以后适当增加放水量,每天上水 1～2 次,提高湿度至 70%～80%。快出菇时,保持棚内相对湿度 85%～90%,以利原基分化。现原基到菇体分枝开始放叶之前,一般 7～10 天左右,期间要协调好温、湿、光、气。

**(1)湿度** 出菇时菌筒含水量 65%～70%,畦内保持空气相对湿度 85%～95%,每天畦内喷水 3～4 次,具体视天气情况及菇棚保湿性能而定。

**(2)通风** 原基形成后对氧气需求增加,要加大通风量,但通风和保湿是一对矛盾,为了解决这个矛盾,一般结合水分管理进行通风,或在无风的早、晚温度较低时进行,在喷水的同时,将北侧薄膜掀起,通风 0.5～1 小时,通风时要用水淋湿羊肚菌。通风口要避开刚形成的原基,并要挂上湿草把,这样既透气又保湿。

**(3)光照** 原基形成不需要光,但原基形成后需要较强的散射光,因此在畦的南面加盖草帘,阳光不能直射畦内,但从北面可射入比较强的散射光。光照强弱会影响羊肚菌的分化和香味。

**(4)温度** 子实体生长最适温度为 22～26℃,畦内温度超过 30℃时,就要通过加厚遮阳物、喷水和通风等措施进行降温,畦内温度长时间高于 30℃,就很难形成原基。

### 8. 采收

羊肚菌从原基出现到采收,在其他条件适宜情况下,采收期随温度不同而有所不同,一般气温 16～25℃时,18～25 天可以采收;气温 18～27℃时,15～20 天可以采收;气温 22～30℃时,12～16 天可以采收,一般 6～8 成熟就可采收。采摘时将手伸平,插入子实体底下,用力向一侧抬起,菇根即断。然后用小刀去掉子实体上沾有的泥沙等杂物,放入干净的塑料筐内。采菇后,捡净碎片,清理畦面,注意不伤菇根,这样可重复出几批羊肚菌。采后 2～3 天浇水,让菌丝恢复生长,喷一次重水,按出菇前的方法管理,一般 15～30 天即可出下一批菇。

## (三) 室外棚畦栽培法

四川绵阳市食用菌研究所 1975 年进行羊肚菌栽培试验,先后采用过室内瓶栽、箱栽、盆栽和室外阴棚畦栽培等方法,均能长出子实体。前几种方法是用熟料栽培,后一种方法是用生料栽培,适宜商品生产。以下为朱斗锡(1997)所介绍的室外阴棚畦式生料栽培法。

### 1. 栽培季节

羊肚菌为低温型菌类,适宜在温度较低的地区栽培。四川地区每年 10 月份为最佳栽培季节,其他地方可根据当地气温特点决定栽培时间,只要气温下降到 22℃以下、15℃以上即可栽培。一般以 10 月份栽培为最好,此时自然温度最适宜羊肚菌菌丝生长,待菌丝在培养料内长满后,自然气温下降,有利于羊肚菌的生理变化,到第二年 3 月气温回升后,羊肚菌子实体大量形成。

### 2. 菌种准备

母种、原种按前述方法生产。

栽培种采用以下配方。

① 栎根木屑 75%,米糠或麦麸 20%,蔗糖 1%,石膏 1%,过磷酸钙 1%,腐殖土 2%。

② 棉籽壳 75%,麦麸 20%,石膏 2%,腐殖土 3%。

③ 稻草粉 70％，麦麸 25％，过磷酸钙 1％，石膏 1％，腐殖土 3％。

④ 玉米芯 80％，米糠 15％，石膏 2％，过磷酸钙 1％，腐殖土 2％，调含水量 65％。

按常规制作、灭菌、接种，在 18～22℃培养，约 1 个月菌丝长满即可用于生产。

**3. 场地选择**

羊肚菌喜阴湿低温生长环境。栽培场地应选择有适当阴蔽的林下或人工阴棚内，以三分阳七分阴为宜。要求环境清洁，土质以既能保湿又不积水的壤土为好，场地周围开排水沟，防止雨水冲刷。栽培前，将阴棚下的土挖深 30 厘米、宽 100 厘米、长度适宜的畦床，在底部和周围撒石灰粉和敌敌畏进行灭菌杀虫。

**4. 栽培料配方**

用栎木屑、棉籽壳等为栽培原料，其配方如下。

① 栎木屑 75％，米糠或麦麸 20％，石膏 1％，过磷酸钙 1％，土 3％。

② 棉籽壳 75％，麦麸 20％，石膏 1％，石灰 1％，土 3％。

③ 稻草粉 70％，麦麸 25％，石灰 1％，过磷酸钙 1％，土 3％。

④ 玉米芯 80％，米糠 15％，石膏 1％，石灰 1％，过磷酸钙 1％，土 2％。

⑤ 甘蔗渣或阔叶树的干落叶 95％，石膏 1％，石灰 1％，过磷酸钙 1％，土 2％。

**5. 配制方法**

任选上述配方一种，将主料混匀，石灰、石膏、土等分别溶化后加入培养料内，调培养料含水量为 65％。

**6. 铺料播种**

用层播法铺料播种，第一层料厚 5～7 厘米，撒播一层菌种；第二层料厚 8～10 厘米，撒播菌种；第三层料厚 5～7 厘米，料面覆土厚 3～5 厘米。覆土应选用当年自然生长过羊肚菌的腐殖土，这是人工栽培羊肚菌能促进子实体生长的一个特点。取土时要注意，选择当年生长过羊肚菌的地方，在 30 厘米范围内，取土深度不超过 5 厘米，保持原来湿度，覆盖在栽培后的畦床上。土质越好，产生的子实体越多。覆土后，在床面加盖一层竹叶或阔叶树的落叶，厚约 2 厘米，以保持土壤潮湿，促进子实体形成。在气候过分干燥或雨水较多的地方，播种后应在畦床上架塑料小拱棚，以防雨保湿。

**7. 畦床管理**

栽培后的管理工作主要包括以下几个方面。

**(1) 控制好温度**　播种后应保持在 18～22℃，7～10 天后逐渐下降到 18～20℃，1 个月后可以在 10℃ 以下自然生长。2～3 个月后，气温回升到 15～18℃ 时，大约半个月即可陆续出现原基，并迅速形成子实体。羊肚菌的生长发育其温度必须经历由高到低、再由低到高的过程，才能提高产量，但要注意，温度宁可偏低亦不可偏高，以免对菌丝造成伤害。因此，在发菌时，若树林或阴棚过于稀疏，阳光直射过强，应在小拱棚上加盖草帘遮阳；气温过低时，加盖草帘则有保温作用。

**(2) 调控好水分**　羊肚菌的生长宁可偏干不可偏湿，但亦不宜过分干燥，基物含水量以保持 55%～58% 为宜。覆土不能出现干裂，也不可有积水。进入子实体形成阶段后，要相应提高湿度，基物含水量可达 60%～65%，相对湿度保持在 85%～90%。

**(3)** 还要保持棚内空气流通，及时在场地撒施石灰粉和敌敌畏，以杀灭害虫病菌。

**8. 出菇管理**

第二年 3 月下旬，当自然气温上升到 12～18℃ 时，原基开始形成出土，这时要去掉一部分覆盖落叶，喷少量水，保持空气相对湿度，几天后羊肚菌大量长出。羊肚菌的盛产期在 3 月 20 日至 4 月 20 日之间，温度在 15～18℃ 左右，是生长的高峰期。

**9. 采收**

羊肚菌出土后一般 7~10 天即可成熟，成熟的标准主要从色泽变化来判断，当子实体颜色由深灰色变成浅灰色或褐黄色时，表明子实体生长成熟。成熟的子实体应及时采收，若采收迟则易生虫蛆。

采收方法如下。用手将子实体连根摘下，随即用刀削去泥脚，放入筐内时不能挤压，以防破碎。采收后用土填平畦床，亦可追施肥料，一般可采收两批，若栽培场地保护好，第二年春天还可采收两批子实体。

**10. 干制加工**

羊肚菌主要采用晒干或烘干的方法加工，在干制过程中，要防止菌盖破碎，以保持商品完整状态。干制品经挑选分级后，分装在防潮塑料袋内保存或外销。

## (四) 野外菇棚排袋覆土栽培法

**1. 培养料配方**
同常规栽培法。

**2. 装袋、灭菌、接种、培养**
均同前述常规栽培技术。

**3. 进棚排袋**

排袋前消毒场地，畦床铺上 3 厘米厚的腐殖质土，拍平；然后用 10％石灰水喷洒畦面及四周环境，达到杀虫灭菌。将生理成熟的菌袋搬进野外菇棚，摆放于畦床上，每平方米畦床可排 17 厘米×33 厘米的菌袋 40 个。由于搬动和排袋过程，菌丝表层受到一定挫伤，而且受震动后，袋内菌丝有所断裂，因此，菌袋排袋后，不要急于开口覆土，必须让其生养休息 1~2 天，使菌丝营养积累更加丰富；同时也使其适应大气候环境，为下一步长菇打好基础。

**4. 开口覆土**

覆土是一项重要技术，菌袋排袋后，进行开口覆土工艺。将袋口解开，并拉开袋膜，然后在袋内表层覆土 3~5 厘米厚。覆土材料最好是全腐殖质的沙壤土，或林地更新前烧山的火烧土。也可将菌袋脱膜后，把菌筒排放于畦床上，然后覆土 3～5 厘米。无论是带袋覆土或是脱袋覆土，均要在覆土表面再盖 2 厘米竹叶或阔叶树落叶，起到覆土层的保湿和防止水土流失及防止雨淋土面板结的作用。菇棚内温度控制在 18℃ 左右，让菌丝复壮。

**5. 变温催蕾**

野外菇棚气温波动较大，控制办法可在畦床上每隔 3 米插一条竹木跨畦，作为拱膜内棚，并罩上白色地膜，起到防雨、保湿、控湿作用。覆土后由营养阶段转入生产阶段，夜间 0 时后揭开膜 2～3 小时，夜间温度低，人为制造昼夜温差 10℃ 以上，连续 2～3 天，促使菌袋发生白色原基，并顺利形成菇蕾。

**6. 出菇管理**

**(1) 温度控制** 子实体发育期温度以不低于 10℃ 和不超过 22℃，能控制在 14～18℃ 最为适宜，保持自然气候的昼夜温差即可。气温低于 10℃ 时，子实体发育困难，在北方则不宜采取野外长菇。长菇期自然气温超过 20℃ 时，可采取白天关闭门窗控制光源，适当加厚棚顶遮阳物，并在畦沟内浅度蓄水，降低地温，人为制造适于羊肚菌子实体生长发育的温度。

**(2) 湿度调节** 出菇阶段要求菇棚保持湿润环境，空气相对湿度 85%～90% 时，长菇最为有利。在管理上注意控制"两个极限湿标"：一是相对湿度不低于 70%，湿度低，菌盖表面粗糙，长时间干燥时，易产生干裂，停止生长，还会出现萎缩。为此，要保持湿润环境，每天空间喷雾化水 1～2 次。喷水时要让雾水散发空间，滴落到地面，不可直接喷雾到子实体上。二是相对湿度不超过 95%，空气湿度过大，由于缺氧，易造成子实体腐烂。调整空气湿度的方法，可在地面洒水或空气喷雾状水；同时加大通风量，排除过大湿度。冬季低温期每天上午 10 时、下午 2 时喷水增湿；低温干燥天气，把升温和保湿关把好。喷水总的要求是勤喷、微喷，强调不喷"关门水"，防止菇盖淤水，引起烂菇。

**(3) 适量光照** 子实体生长发育期适度的散射光，是生产优质羊肚菌商品菇不可缺少的条件。羊肚菌子实体生长中期，光照度需 400～500 勒克斯。野外栽培气温低时，可拉稀菇棚上方遮阳物，气温高时，可加厚菇棚的遮阳物或白天关闭受光方向的门窗，并用麻袋、草帘等遮光，傍晚再开门窗通风，也能有效地防止菇棚内光照过分强烈。若光照度过大，会造成菌盖表面干裂，菌柄粗糙，影响产品质量。

**(4) 通风换气**　子实体生长阶段新陈代谢旺盛，需氧气量较多，野外空气新鲜，自然条件比室内栽培好，春季长菇期气温高时，采取早晚或夜间通风，通风口上挂一层麻布，喷水保湿。气温低时宜在中午通风，保持空气新鲜。通风时注意避免温差过大，并要避免寒风或干热风直吹菇体，以免造成温度波动，影响子实体正常生长。

**(5) 病虫害防治**　长菇阶段侵染病害有绿色木霉（图 1-5）、毛霉、青霉等杂菌侵染子实体引起烂菇，应及时摘除，并在患处涂 10％石灰水控制蔓延。野外栽培主要害虫有蛞蝓、蜗牛、老鼠等，可采取人工捕捉或鼠夹捕杀。山地栽培常有蚯蚓，可在晴天灌水浸透；白蚂蚁可在蚁窝旁或蚁路撒灭蚁灵。长菇期严禁使用任何农药，以免造成产品不安全。

**7. 采收与加工**

**(1) 采收**　羊肚菌子实体出土后 7～10 天就能成熟。成熟标志是：整个菇体分化完整，由深灰色变成浅灰色或褐黄色，菌盖饱满，盖面沟纹明显，菌柄抽长与菌盖相连，此时就可采收。

采收方法是：用手指捏住菌柄基部，轻轻摇动拔起，放入竹筐中，筐底先铺放卫生纸或茅草，顺序排放，轻取轻放，防止菇体破裂影响产品外观和降低等级。

**(2) 加工**　羊肚菌在国际市场很受欢迎，我国生产的羊肚菌主要为出口产品，其产品为盒装鲜菇和干制品。加工方法如下。

① 盒装鲜菇。用小刀削净菌柄基部杂质，排放在网纱筛上排湿，然后用泡沫盒排装，每盒装 100 克或 150 克或 200 克，盖上透明保鲜膜。成品以 5℃保鲜橱展销。

② 干制品。少量生产可用晒干法，即将鲜品排放在竹筛或网纱筛上，置阳光下晒至六成干时，翻面晒至足干时收回，用双层塑料袋

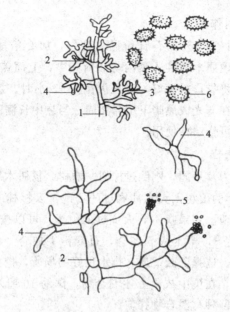

图 1-5　绿色木霉

1—分生孢子梗；2—一级分枝；3—二级分枝；

4—小梗；5—分生孢子头；6—表面有刺的孢子

包装，即可外销。大批量生产时，应采用脱水烘干机加工，即将鲜品排放于烘筛上，推进烘干箱内，在起温 35℃下尽快排放菇体水分，11小时后逐步升至 55℃，直至烘干，用双层塑料袋包装即可外销。

# （五）室外自然栽培法

## 1. 栽培季节

在年末（10 月和 12 月）播种，羊肚菌菌丝生长的区域停留在接种的地点。而夏初播种，羊肚菌菌丝生长的区域到第二年春天可达距接种处的几百英尺❶远。接种一穴可以形成 10 英尺见方的羊

❶　1 英尺＝0.0254 米，全书余同。

肚菌产区。

### 2. 菌种制作

将毒麦草籽和 5% 的石膏粉混合均匀，加 2 倍量的水浸泡过夜。将润湿的硬质木屑装入聚丙烯塑料袋中，上面盖 0.24 升的浸湿毒麦草籽，将袋口折叠好，高压灭菌 2～3 小时。接种麦粒种或液体菌种后，在弱光或黑暗下培养 2 周。当袋中长满菌丝并产生许多小菌核时，可作菌种使用。

### 3. 场地选择

栽培场所为苹果园，刚倒过橡树、榆树、杨树木屑的地方，刚火烧山 1～2 年的山场，大水冲刷过的场地，云杉林或混交林中沿溪流两岸的沙地。如果找不到火烧过的山场，可以按以下的组分：泥炭土 10 加仑[●]，草木灰 5 加仑，石膏粉 1 加仑（1 加仑＝4.55升）互相混合。选择阴蔽适当、排水良好的场所，挖去表土，达到矿质土质层后，在坑中放入上述混合物，深约 10 厘米，并用水灌湿，用铲子将菌种与混合物拌匀。

### 4. 播后管理

主要是防止强烈日照和小动物盗食菌种。

### 5. 采收

气温在 4～16℃ 时，能刺激羊肚菌子实体形成，一旦温度变化超过生菇适温的临界值后，就不会形成新的子实体。温度达 15.6℃ 时，会加速黑脉羊肚菌子实体的发育和成熟。当背部边缘变黑，开始释放孢子时就要采收。

## （六）林地熟料栽培法

野生羊肚菌多自然生长在山区的林荫地带，果树园、玉米地、油菜地等阴湿处皆可发生。根据这一生态习性，李素玲于 2000 年，将已发满菌丝的菌袋，分别放在苹果园和杨树林地进行出菇试验，

---

[●] 1 加仑＝4.55 升，全书余同。

结果杨树林地栽培的 30 天后，菌袋出现大量白色原基，子实体发生最多；苹果园次之。这说明羊肚菌可以在林地进行栽培。其主要栽培技术要求如下。

**1. 林地选择**

栽培羊肚菌的林地不一定要在苹果园和杨树林，只要选择向阳山坡、疏林缘地、富含腐殖质的沙质土或亚质壤土及排水良好、半阴半阳、山势坐东向西的山坡地均可。

**2. 畦床整理**

羊肚菌林地栽培以熟料袋栽为好。菌袋发满菌丝后排在林地畦床上覆土出菇。畦床要求宽 80～100 厘米，长度视地形而定，一般以 10～12 米为宜。畦床应中间稍高，四周略低，整成龟背形，以免畦中积水。畦床高 25 厘米，要开好畦沟，畦沟宽 40～50 厘米，深 20～30 厘米，沟两头要倾斜，以利排水。

**3. 搭建荫棚**

羊肚菌喜较阴湿的生长环境，大田栽培以"三阳七阴"为宜，山坡林缘栽培以"五阳五阴"为好。因此要搭建出菇阴棚，阴棚以竹木为骨架，建成宽 3.2 米或 4.6 米，高 2.5 米的菇棚，棚顶盖茅草，四周围草席，开好出入门和通风窗。

**4. 出菇管理**

出菇期间，主要是调控好温度和湿度，羊肚菌属低温型菌类，子实体生长时的温度范围在 10～22℃，最适温度为 17～20℃，昼夜温差在 10～15℃时，可促进子实体形成和生长。羊肚菌有在低温高湿条件下生长良好的习性，出菇时要求空气相对湿度在 80％左右。羊肚菌还有一定的趋光性，子实体形成期要求有 600～900 勒克斯的光照。但阳光直射和光照强度过大则不利于子实体生长，且影响产量和品质。

羊肚菌出菇时还要有充足的新鲜空气，因此菇棚内要保持正常的通风换气，以利于子实体生长。

**5. 采收**

羊肚菌子实体出土后 7～10 天就能成熟。当菇体由深灰色变成浅灰色或褐黄色，菌盖饱满，盖面沟纹明显，菇柄抽长与菇盖相连时，即可采收。采收时用手指捏住菇柄基部，轻轻摇动拔起。采收时要轻拿轻放，防止菇体破碎影响外观和降低等级。

## （七）美国室内浅盘栽培法

### 1. 菌种制作

在 500 毫升的菌种瓶中，装入混有无机或有机氮源、维生素、碳水化合物、矿物质的小麦粒，装入量为菌种瓶体积的 40％～80％，盖上金属网或塑料薄膜，再用湿土填满容器空间。经高压灭菌后，用羊肚菌子囊孢子、菌丝或小块菌核接种于湿土上，将容器封好，在 18～22℃下培养。当接种体长出菌丝并通过湿土层长到麦粒上约 7 天后，在土层表面长出许多菌丝团块，后接成硬块而形成菌核，当菌核在土层表面布满时，即可作为接种栽培之用。

### 2. 接种培育

培养料为 25％的无机物和 75％的有机物（包括冷杉树皮 45％，泥炭藓 10％，红杉树皮 20％）。培养料含水量 68％。将培养料装入浅盘中进行蒸汽巴氏灭菌或高压灭菌，冷却至常温后接种。将菌核切成 0.5～4 厘米见方的小块，浸水数小时后接种，每平方米培养料表面接种约 6～20 厘米³ 的菌核切块，接种后将浅盘置于 10～22℃、相对湿度为 75％～95％、培养料含水量 50％～75％的条件下培养，7 天后菌核块长出的菌丝定植于浅盘的培养料中。在菌丝培养期间，将培养料含水量控制在 75％以下，可抑制有害细菌和其他杂菌的生长。培养 16 天左右，在培养料表面可见到大量分生孢子和菌核。

### 3. 浸水诱发

菌核培养结束后，将菌核进行浸水，浸水时间维持 12～36 小时，使水流缓慢渗入培养料，多余的水分从浅盘底部漏出。培养料和渗流水的温度保持在 10～22℃，以诱发羊肚菌子实体的形成。

### 4. 子实体形成的管理

浸水后 1～3 天，球状菌丝团的原基开始形成。在此期间，要保持温度 10～22℃，相对湿度 85%～95%，培养料含水量在 55%～65%左右。几天后，原基形成一些突起，这是子实体形成的初兆。此时温度要维持在 10～22℃（最好是 18℃），相对湿度保持在 85%～95%，培养料含水量在 50%～60%，如不能保持良好环境条件，则未成熟的子实体易于败育。当子实体长到 30 毫米高时，要保持有利的成熟条件，温度为 10～27℃，相对湿度为 85%～95%，培养料含水量为 30%～55%。

**5. 采收**

当子实体由深灰色、灰色变成金黄褐色时，即可采收。

采收后的羊肚菌如不能鲜销，应及时进行干制，否则就会发生菌蛆、线虫为害。干制方法可分晒干或烘干，晒干时将羊肚菌单个排放于晒帘上置阳光下，2～3 天即可晒干。若用烘干机，将羊肚菌摊放于烘筛上烘烤 1～2 小时即可干燥，取出分级后用塑料袋密封包装。在干燥和包装过程中，不要弄破菌帽，必须保持菇体完整，否则将降低商品价值。

# 十、产品分级

一级品：宝塔形，尖顶，深灰色，全干，无杂质，无损伤，无破烂，无虫蛀，无霉变，无异味，香气浓，朵形完整，肉厚，柄长 1 厘米以内（剪脚），菌帽直径 2 厘米以上。

二级品：尖顶，深灰色，全干，无杂质，无损伤，无破烂、无虫蛀，无霉变，无异味，香味浓，朵形完整，肉厚，柄长 1 厘米以内（剪脚），菌帽直径 1 厘米以上。

三级品：全干，无杂质，有损伤，无破烂，无虫蛀，无霉变，无异味，香味浓，朵形基本完整，肉稍薄，柄较长，无泥脚，菌帽直径 1 厘米以下。

级外品：全干，无杂质，朵形破烂不完整，无虫蛀，无霉变，无泥脚，无异味，有香味，肉薄。

# 第二章
# 玉蕈

## 一、概　述

　　玉蕈又名真姬菇，为担子菌纲、伞菌目、白蘑科、离褶菌属菌类，是近年来风靡日本市场，深受消费者青睐的食用菌珍品。该菇形态美观，质地脆嫩，味道鲜美。在日本，人们常把它与珍贵的松茸相提并论，被冠以"假松茸"、"蟹味菇"之称，并享有"闻则松茸，食则玉蕈"之誉。

　　玉蕈的人工栽培始于 20 世纪 70 年代初期，由日本的宝酒造首先人工驯化栽培成功，并取得专利。目前该菇主要产区在日本东北部的长野、青森、奈良等地。菇农以木屑、米糠为原料，采用较先进的机械化操作，在全人工控制条件下周年栽培。产品主要以鲜品上市，每千克价格 800～1000 日元。由于市场销路好，价格高，近年来日本栽培玉蕈的菇农急剧增加，栽培规模和产量每年都成倍增长，成为日本第四大宗人工栽培的菇类。

　　我国是在 1986 年 3 月，由中国土畜产品进口公司大连分公司通过日本引进玉蕈的纯菌种。之后日商又把该菇的菌种引入山西、河南、福建等省，并尝试在我国发展出口玉蕈的商品生产基地。现在山西晋南的永济、运城、万荣、洪洞等县市得到了大面积的推广应用，取得了较好的经济和社会效益，填补了我国玉蕈大面积商品化生产的空白。目前，山西晋南地区的玉蕈生产已初具规模，形成了我国第一个，也是唯一的一个玉蕈出口产品基地。

　　玉蕈自然分布主要在日本、欧洲、北美、西伯利亚等地。玉蕈价格昂贵，国内市场鲜菇售价 25～30 元/千克，干品售价 150 元/

千克。出口价更高，盐渍品 7000～9000 元/吨，每投料 1000 千克，除去成本可获利 2000 多元，经济效益十分可观。

## 二、营　养　成　分

据分析，每 100 克鲜菇含水 89 克，粗蛋白 3.22 克，粗脂肪 0.22 克，粗纤维 1.68 克，碳水化合物 4.56 克，灰分 1.32 克；含磷 130 毫克，铁 14.67 毫克，锌 6.73 毫克，钙 7.0 毫克，钾 316.9 毫克，钠 49.2 毫克；含维生素 $B_1$ 0.64 毫克，维生素 $B_2$ 5.84 毫克，维生素 $B_6$ 186.99 毫克，维生素 C 13.80 毫克，蛋白质中含有 17 种氨基酸，占鲜重的 2.766%，其中人体必需的氨基酸有 7 种，占氨基酸总量的 36.82%。

## 三、药　用　功　能

玉蕈含有数种多糖体，具有防癌抗癌等多种药用价值。

## 四、形　态　特　性

### 1. 子实体形态特征

子实体丛生。菇盖初为半球形，随着长大逐渐开展，老熟时菇盖中心下凹，边缘向上翘起。菌盖直径 2～10 厘米，幼时呈深赭石色或黑褐色，盖面具有明显斑纹，长大后呈灰褐色至黄色，从中央至边缘色渐趋浅淡；菌肉白色，质硬而脆，致密；菌褶弯生，有时略直生，密，不等长，白色至淡奶油色；菌柄中生，圆柱形，高 3～10 厘米，粗 2～8 毫米，白色至灰白色，中实，脆骨质，心部为肉质，幼时下部明显膨大；孢子印白色；孢子无色，卵球形，光滑，直径 4～6 微米（图 2-1）。

### 2. 菌丝体形态特征

玉蕈的菌丝体接在斜面培养基上，培养时为浓白色，菌落边缘

图 2-1 玉蕈

呈整齐绒毛状，排列紧密，气生菌丝旺盛，爬壁力强，老熟后呈浅土灰色。菌丝直径 4～8 微米，具有明显的锁状联合。培养条件适宜时，日伸长 3.5 毫米；条件不适时，生长速度明显减慢，且易产生大量分生孢子，在远离菌落的地方出现许多呈芒状的小菌落，培养时不易形成子实体。用木屑或棉籽壳等固体培养基培养，菌丝也呈浓白色，有较强的分解纤维和木质素能力，生长健壮，抗逆性强，不易衰老，在自然气温条件下避光保存一年后，扩大培养仍可萌动，并有直接结实能力。

### 3. 子实体发育过程

根据子实体不同发育阶段的形态特征，可将其分为转色期、菌芽期、显白期、成盖期、伸展期和老熟期。

**（1）转色期** 玉蕈菌丝体长满培养容器达生理成熟后才具有结实能力，此时容器中的培养物由纯白色转至灰色。子实体分化前，先在培养料表面出现一薄层瓦灰色或土灰色短绒。根据这种短绒出现的时间、长相和色泽，可判断子实体分化的迟早、分化密度及子实体长大后的色泽和品质，在适宜条件下此期历时 3～4 天。

**（2）菌芽期**　培养料面转色后 3～4 天，短绒层菌丝开始扭结成疣状凸起，进而发育成瓦灰色针头状菌芽，在适宜条件下培养 2～3 天，长至 0.5～1 厘米时便进入显白生育期。但在高温或通气不良、光线不足的条件下，菌芽可长至 10 厘米以上，且可维持 1 月至数月而不死，再遇适宜条件仍能恢复其正常发育能力。

**（3）显白期**　随着菌芽的生长在其尖端即出现一小白点，逐渐长大成直径 1～3 毫米的圆形白色平面，此为初生菇盖，这个生育阶段称为显白期。

**（4）成盖期**　初生菌盖经 2～3 天的生长发育，平面开始凸起，颜色也开始转深，3～4 天后形成完整的菇盖，此时盖径 3～5 毫米，深赭石色，边缘常密布小水珠，盖顶端开始出现网状斑纹，菇柄开始伸长、增粗。

**（5）伸展期**　菇盖形成后生长速度加快，菇盖迅速平展、加厚，盖缘的小珠逐渐消失，盖色随直径增大而变浅，菇柄也迅速伸长、加粗，代谢活力旺盛，因此，此阶段对培养条件的反应较为敏感，若管理不当，往往会出现大脚菇（菌柄基部膨大）、菇盖畸形（盖面凹凸不平或呈马鞍状等）、二次分化（菇上长菇）、菇柄徒长、盖发育不良、黄斑菇（盖面局部发黄）、黄化菇（盖褐黄色至浅黄色）。

# 五、生　长　条　件

## 1. 营养

玉蕈是一种木腐菌，分解木质素、纤维素的能力很强。在自然条件下，能在山毛榉科等阔叶树的枯木或活立木上繁殖生长，完成整个生活史。人工栽培，用纯阔叶树木屑、棉籽壳、棉秆、各种作物秸秆粉碎物作培养基质，菌丝均能较好地生长，并分化发生子实体。但在实际栽培中为了提高产量和品质，仍需添加辅料，以增加培养料中的养分。据试验，用棉籽壳为主料，添加黄豆粉 4%～12%、麸皮或玉米面 12%～18%、过磷酸钙 4%～6%、过氧化钙

0.1%～0.15%、石灰或石膏 2%～3%，有较明显的增产作用。加入石灰还可明显加快生育过程，提早出菇，缩短生产周期。

## 2. 水分

玉蕈是喜湿性菌类。培养基质内的含水量多少，不仅影响菌丝体的生长量、生理成熟的快慢，而且还影响子实体的分化发育进程、外观和营养成分的含量。子实体分化发育期间要求空间相对湿度在 85%～95%，尤其是蕾期对空间湿度要求高，催蕾期间空气湿度不足，子实体难以分化，蕾期空气干燥会导致菇蕾死亡，即使成盖后若空间湿度不足，也会使生长正常的幼菇变成黄化菇。

## 3. 温度

玉蕈属低温结实性真菌，菌丝适宜在较高温度下（30℃左右）生长，而子实体则在相对较低温度下（25℃左右）才能发生。菌丝体对高、低温度的侵害有很强的抵抗能力，长成的菌丝培养物在－10～38℃的自然气温下放置 1 年以上，仍不失其生活力和出菇能力。但低温会造成菇盖畸形、大脚菇；高温会使菇柄徒长，菌盖下垂等。

## 4. 酸碱度

玉蕈的菌丝体适宜在偏酸性的环境中生长，在碱性基质中生长不良，pH 值超过 8.5，接种块便失去萌动能力。适宜的 pH 值为 5～7.5，最适 pH 值为 5.5～6.5。由于对培养料进行高压蒸汽灭菌处理，会降低培养料的 pH 值，同时考虑到菌丝体在生长过程中会分泌一些酸性物质，因此，在栽培拌料时，应把 pH 值调到 8 左右。适当调高培养料的 pH 值还有促进菌丝体生理成熟和提早分化子实体的作用。

## 5. 空气

玉蕈是好氧性真菌，菌丝体在密闭的容器中培养，随着菌丝量的增加容器内的二氧化碳浓度会不断积累增高，氧气含量下降，生长速度逐渐减慢，最终停止生长。在高温培养条件下，这种情况更容易发生。因此，培养菌丝体的容器不能完全密封，要留有一定的空隙，并有较好的通风换气条件，这样才能保证菌丝体在整个生长期内有充足的氧气供应。良好的通风换气条件，也有利于促进菌丝体的生理成熟。在后熟培养阶段，菌丝体对氧气的要求远不如培养前期那么重要，这一期间如果风量过大，反而会造成料内水分的大量蒸发，不利于子实体的正常分化发育。子实体的分化发育过程，如果在静滞潮湿二氧化碳浓度积累过高的空气中，则玉蕈的子实体生长缓慢，还常有畸形、长柄菇。

### 6. 光照

玉蕈与其他食用菌一样，菌丝生长期不需要光照，直射光照会抑制其生长。子实体分化发育则需要一定光照，在黑暗条件下，即使菌丝体达生理成熟也不能分化形成子实体；已分化长出的菌芽，再放回黑暗条件下，也不能正常发育。光线不足，菌芽发生少且不整齐，菌柄徒长，菌盖小而薄，色淡品质差。适宜的光照强度为200～1400勒克斯的散射光。

# 六、菌　种　制　备

## （一）母种制作

### 1. 母种培养基

常用的母种培养基有如下几种。

① 马铃薯麦粒综合培养基。马铃薯 200 克（去皮、煮汁），麦粒 100 克（煮汁），葡萄糖（或白糖）20 克，磷酸二氢钾 3 克，硫酸镁 2 克，蛋白胨 5 克，酵母膏 2 克，恩肥 0.1 毫升，复合维生素 B 10 毫克，琼脂 20 克，加水至 1000 毫升，pH 值 7.5。

② 棉籽壳麦粒培养基。棉籽壳 100 克（煮汁），麦粒 100 克（煮汁），葡萄糖（或白糖）20 克，琼脂 20 克，磷酸二氢钾 3 克，硫酸镁 2 克，蛋白胨 5 克，复合维生素 B 10 毫克，加水至 1000 毫升，pH 值 7.5。

**2. 配制方法**

同常规。

**3. 接种培养**

将引进或分离的试管种，按无菌操作接入配制好的斜面培养基上，置 24℃左右下培养，18 天左右菌丝长满斜面，即为转培母种。

# （二）原种和栽培种制备

**1. 培养基配方**

原种和栽培种均可选用以下配方。

① 麦粒培养基。干麦粒 100 千克，麸皮 5 千克，石膏 1 千克，碳酸钙 1 千克，硫酸镁 0.1 千克，pH 值 7.5。

② 棉籽壳培养基。棉籽壳 100 千克，麸皮（或玉米面）10 千克，黄豆粉（或棉籽仁粉）5 千克，生石灰 2 千克，料水比 1∶(1.3～1.5)，pH 值 7.5。

③ 高粱壳棉籽壳培养基。高粱壳 43 千克，棉籽壳 43 千克，麸皮 10 千克，石膏 1 千克，糖 1 千克，石灰 1 千克，过磷酸钙 1 千克，料水比 1∶(1.3～1.5)，pH 值 7.5。

④ 木屑培养基。木屑 75 千克，麸皮 22 千克，白糖 1 千克，石膏 1 千克，过磷酸钙 1 千克，料水比 1∶(1.3～1.5)，pH 值 7.5。

⑤ 棉籽壳木屑培养基。棉籽壳 68 千克，木屑 20 千克，麸皮 10 千克，石膏 1 千克，硫酸镁 1 千克，过磷酸钙 1 千克，料水比 1∶(1.3～1.5)，pH 值 7.5。

**2. 配制方法**

同常规。

**3. 装瓶（袋）灭菌**

①号配方料用广口瓶或盐水瓶等容器装料，②③④⑤配方料用 17 厘米×33 厘米的塑料袋装料。

**4. 灭菌**

将料瓶（袋）常压灭菌 8～19 小时即可。

## 5. 接种培养

将制备的母种接入上述任一经过灭菌的配料瓶、袋中，置25℃下培养，经35~40天，当菌丝长满菌瓶、袋后，即为原种和栽培种。

附：发酵料制玉蕈栽培种技术

据河北省南宫市职教中心食用菌场张玉生报道，玉蕈栽培种制作至今未打破传统熟料制种模式，工艺繁琐，技术要求严密，而菇农中又存在设备简陋、技术不过关等问题。经过生产实践证明，采用具有投入少、工效高、污染低等优点的发酵料开放式制种技术，很适合菇农的操作管理粗放等实际情况。此项技术很值得推广，其具体技术要点如下。

### 1. 原料准备与配制

主料采用棉籽壳，要求无霉变、无异味、无杂质，辅料用新鲜麸皮、优质磷酸二铵，灭菌药物采用50%多菌灵、白石灰，水最好用洁净地下水。具体配比是：棉籽壳94%，麸皮2%，磷酸二铵0.8%，多菌灵0.2%，白石灰3%，水150%。

### 2. 建堆发酵

在水泥地面上，称取不超过400千克的棉籽壳，先把麸皮与白石灰混合，再加入棉籽壳中，然后把提前溶解的磷酸二铵与水混合，再分批均匀地加到棉籽壳中，最后用人工调料或机械拌料，一直到无干料为止。建堆时为保证发酵质量，达到快速升温目的，时间选在晴天下午建堆最好，这样可以把棉籽壳、水等，经日晒处理提高原料本身温度。建堆时，在水泥地面上提前放好直径8厘米左右的3~5个木棍，叠放成放射状，再把拌好的料堆上去，做成馒头形，用铁锹拍打成外实内松状态，并且用木棍在堆上每隔30厘米打一直径5厘米的通气孔，要求在地面10厘米以上部位都有通气孔，最后盖上塑料膜，堆下边还须保证能进入微量新鲜空气。

建堆后，料内嗜热微生物活动剧烈，温度很快升到50℃以上，再维持6~8小时后，进行第一次翻堆，在翻堆的同时把料拌松散，堆底层和表层的料合为一处翻到堆内部，把堆内层的料放到堆外层，这样可达到均匀发酵。堆料时气温较高，苍蝇、杂菌比较多，为达到灭菌杀虫的双重目的，建堆后喷克霉灵 50 倍液和敌敌畏 800 倍液，再盖上塑料膜。一般整个发酵过程要 3 天左右才能结束，中间总共翻堆 3 次左右。若建堆时遇阴天情况，可推迟翻堆时间。发酵结束，打开塑料膜后，测堆料表面周围任何部位 30～40 厘米深温度达到 60～70℃，堆料表层应有一层白雪状放线菌，全堆冒热气，摊开料后，料呈红黑色，含水量适当，不发黏、有弹性，无病虫等为好。

### 3. 装袋接种

为保证堆料质量，免受苍蝇滋生虫卵，应选在夜晚或早晨气温较低时装袋接种，当料温降到 30℃时抓紧时间装袋，不能长时间暴露料堆。所用接种袋为 37 厘米×14 厘米聚丙烯塑料袋。装料不能太紧，装成圆柱形。菌种用棉籽壳原种，菌种播在中间及两头共 3 层，并在菌种部位刺微孔透气增氧促发菌。所接菌种红枣大小，盖住料面，最后用编织袋绳扎住袋口，不能扎得太紧。

### 4. 培养发菌

选一个卫生干燥的环境，地面撒上白石灰粉，并能白天通风的培养室进行培养。排袋培养时，最多 2～3 层，码成井字状，每排之间留有通风道，当菌种萌发后，菌丝长到 2/3 位置，可松一下袋口以利透气增氧，在发菌期间，每隔 7 天倒一次袋，一般 20 天就发满袋。如无杂菌感染，即可用于生产。

# 七、常规栽培技术

### 1. 栽培季节

可分春、秋两季进行栽培，春栽 3～5 月进行，秋栽 8～9 月播种。

### 2. 培养料配方

#### (1) 木屑为主的配方

① 杂木屑 80%，麦麸 10%，玉米粉 8%，蔗糖 1%，石膏

粉 1%。

② 杂木屑 74%，麦麸 24%，蔗糖 1%，石膏粉 1%。

③ 杂木屑 55%，棉籽壳 29%，麦麸 10%，玉米粉 5%，石膏粉 1%。

**（2）棉籽壳为主的配方**

① 棉籽壳 50%，杂木屑 35%，麦麸（或米糠）14%，石膏粉 1%。

② 棉籽壳 40%，杂木屑 40%，麦麸 12%，玉米粉 5%，蔗糖 1%，碳酸钙 1%，复合肥 0.5%，石灰粉 0.5%。

③ 棉籽壳 80%，玉米芯 14%，麦麸 5%，石膏粉 1%。

④ 棉籽壳 78%，麦麸 15%，玉米粉 5%，蔗糖 1%，石膏粉 1%。

⑤ 棉籽壳 83%，麦麸（或玉米粉）8%，黄豆粉 4%，过磷酸钙 3%，石膏粉 1%，石灰粉 1%。

**（3）其他秸秆类的配方**

① 甘蔗渣 40%，棉籽壳 40%，麦麸 18%，石膏粉 1%，石灰粉 1%。

② 作物秸秆 72%，麦麸 15%，饼肥 10%，尿素 0.5%，石膏粉 1%，石灰粉 1.5%。

**3. 配制方法**

栽培者可因地制宜任选以上配方一种，按常规配制，调含水量 65%～70%，pH7.5～8。

**4. 装瓶（袋）**

将配好的料用 17 厘米×33 厘米的聚丙烯塑料袋或罐头瓶装料，若用罐头瓶栽培，每瓶装干料 125 克左右，装好的瓶重约 580 克，下虚上实，用聚丙烯塑料膜封口；若用塑料袋栽培，装袋前先用绳将栽好的塑料筒膜的一头扎紧，留 3 厘米左右的袋头，然后从另一头装料，边装边用手指把料压实，装好的袋重约 1.5～1.65 千克，长 22 厘米左右，袋面平整，松紧均匀适中。在装瓶（袋）过程中，要经常翻拌待装的培养料，使之上下含水量始终保持一致。

## 5. 灭菌

装料后要及时灭菌，高压灭菌在 0.152 兆帕压力下保持 1.5～2 小时，常压灭菌在 100℃保持 10～12 小时。

## 6. 接种要求

培养料经高温灭菌后，极容易感染杂菌，因此接种要在无菌条件下进行，玉蕈的子实体有先在菌种层上分化出菇的习性，这就要求接种时要有足够的用种量，并保持一定的菌种铺盖表面。为此，接种前要把菌种弄成花生仁大小的块，再接在栽培瓶（袋）的料面上，瓶栽时每瓶接湿菌种 30～40 克，袋栽时最好两头接湿菌种 50～80 克。菌袋接种后扎口的松紧要适宜，以利发菌。

## 7. 发菌管理

根据菌丝体生长对环境条件的要求，接种后的栽培瓶（袋）应放在温度 18～28℃、空气湿度低于 70%、通风避光的室内发菌，气候条件适宜时，也可在室外空地上发菌，瓶栽应用 6 行 6 层式长垛排列，袋栽采用单行或双行 4～5 层式长垛排列，采用井字形多层式排列更好。菌垛之间应留 40 厘米左右的人行道。菌垛的大小应根据季节和温度做适当调整，温度低时菌垛可高、大一些，温度高时则低些或分散些，切忌大堆垛放，以免发生抑菌和烧菌现象。室外发菌，空气新鲜，昼夜温差会引起菌袋内气体的热胀冷缩，有利于菌袋内外的空气交换，但要有遮阳条件，必要时还要用薄膜或其他材料覆盖菌垛保温和防雨。

栽培用的塑料袋如果太薄，袋口又扎得过紧，发菌后期常会出现抑菌现象，即菌落前沿的棉绒状菌丝短而齐，呈线状，菌苔边厚，严重时出现黄色抑菌线，菌丝停止向前延伸，这是因袋内氧气不足，菌丝体呼吸困难所致。此时，应适当松动扎口绳，或在距菌丝前沿约 2 厘米扎孔通气，并设法降低环境温度。待菌丝发满料袋后再重新扎紧袋口，并用胶布封好口。

## 8. 后熟培养

利用自然温度，于春秋两季播种隔季出菇的栽培方式，要对发好的菌坯进行越季保存过程，也就是对其进行后熟培养，使菌丝体得到充分的生理成熟，以利出菇。

菌丝体达到充分生理成熟的外观标志，是色泽由纯白色转至土黄色。生理成熟所需时间的长短，取决于后熟培养时温度、通气状况、料的 pH 值和含水量、容器装料量以及光照的影响。如果温度高，通风好，料 pH 值高，含水量低，有一定光照刺激，菌丝成熟的速度就快，反之所需时间就长。据试验，在 20～30℃下后熟培养，瓶栽需 40 天左右，袋栽则需 80 天以上，这种时间上的差异，主要是由不同容器内、外气体交换的程度不同所致。瓶栽装料量少，透气性好，菌丝成熟快；袋栽装料量多，菌丝呼吸量大，袋内二氧化碳积累的浓度高，透气口又相对较小，菌丝体后熟就慢。因春秋两季播种菌丝越冬和越夏的环境气温不同，所以也应采取不同的管理方法。

**9. 越夏管理**

春播的菌袋（瓶）发满后，移入阴暗通风的室内进行越夏。在转移菌袋的过程中，要将松动的袋口扎紧，袋面上的孔要用透明胶纸封好。在室内排放可以相对集中，采用 4 行 2～8 层式排放。也可在室外搭棚，菌袋堆上覆草遮光保存。夏季温度高，一般不需要特别管理，菌丝体就可顺利地在 8 月下旬达到生理成熟。要注意的是：

① 越夏期发现虫害，要及时喷敌敌畏杀虫，发现菌袋内有虫斑，则用尖竹签在虫斑处插洞注 3～5 滴药杀灭；

② 越夏后期菌丝体已达到生理成熟，要加覆盖物遮光，以防止提前分化长出菌芽，减少养分消耗。

**10. 越冬管理**

主要是解决保温问题，否则到了翌年春季菌丝体可能仍未成熟，会影响出菇。解决的方法是：前期大堆排放，并在袋堆上加厚覆盖物保温；出菇前 1 个月检查，如果菌丝体仍为白色，说明其生理成熟度不够，可进行人工加温，将温度控制在 25～35℃，以加速菌丝的成熟进程。

### 11. 出菇管理

**(1) 菇房准备** 可选用普通民房、窑洞、地下室或户外半地下菇房和阳畦等多种场所。普通民房，便于通风换气，温度较为稳定，但难于保温；窑洞和地下室，湿度好保持，但通风换气不方便，光照也不足；户外的半地下菇房，光照充足，保温、保湿性好，也便于通风换气，建造也比较方便，是一种较为理想的菇房形式（图2-2）。如果地方狭小，不便建造半地下菇棚，也可建成面积较小的深阳畦菇房。半地下菇棚的大小规格为：东西走向，墙厚65厘米，室内宽35厘米，长不限，高1.8～2.2厘米（北高南低），其中地上部高1.2米左右，在南北墙距地面15厘米，每隔1.5～2米的距离，开一个直径约30厘米外小里大呈喇叭状的通风口。深阳畦的规格为：东西走向，边墙厚30～40厘米，内腔宽1.8米，长不限，深75～85厘米（南低北高），其中地上部高40厘米。建造面积以每吨干料25～30米$^2$计算，棚顶均用竹、木搭建，用双层苇箔中间夹塑膜封顶，这样便于通过揭、盖最上层的苇箔来调节棚内的光照强度和温度。

**(2) 开口排袋** 菌袋（瓶）进菇棚前，先在棚内地上每隔50厘米起一条宽22厘米、高10厘米的埂，并向空间喷雾水，使其空气湿度提高到90%～95%。然后打开袋（瓶）口，搔菌和排袋。具体的做法是：将菌袋两头，先在地上轻揉一下，使两头的料面略呈凸起状同时起到料面与袋膜分离的作用。解开袋口，用锯齿状小铁把搔去料面的气生菌丝和厚菌苔，但要保留原来接种块，忌用手大块扣挖表面的培养料，然后将菌袋头向两边轻轻拉动使之自然张口，以维持料面处于一个湿润的小气候环境之中，菌袋排放以5～8层高为宜；栽培瓶底应相对瓶口朝外双行排放，搔菌后仍要加盖保护料面。

**(3) 催蕾育菇** 玉蕈的菌蕾分化发育阶段对环境条件反应极为敏感，管理不当，轻则分化密度不够，菌芽长不好，重则不分化或已分化的菌芽会成批死亡。利用自然条件和简易菇棚出菇，通过保护性催蕾也可以获得满意的效果。所谓保护性催蕾，就是在开口排

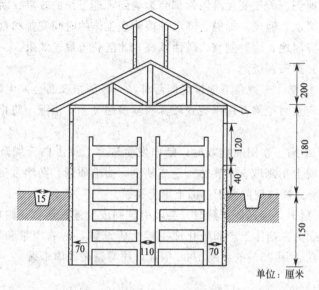

单位：厘米

图 2-2　半地下式菇房

袋（瓶）时不急于挽起或剪去袋口薄膜或去掉瓶盖，在待出菇的料面与袋口（瓶口）之间留一个既与外界有一定的通透性又能起到缓冲作用的小空间，以抵御外界环境的剧烈变化对菌蕾可能造成的危害。催蕾期间，室内温度尽可能保持在 12～16℃，光照强度 700～1400 勒克斯，空气清新、湿润，相对湿度 90%～95%。经 8～10 天的催蕾，菌芽长出完整的菌盖后，便进入育菇管理阶段。在菌盖未接触袋头（瓶盖）前，将袋头挽起或剪去，瓶栽则去掉瓶盖，称之为二次开口，此时菇棚温度控制在 10～18℃，相对湿度保持在 85%～90%，光照可根据棚内的温度变化控制在 200～8000 勒克斯之间，同时加大通风换气量。

　　在整个出菇管理过程中，主要的工作就是控制和调节菇房内的温、湿、气、光四种气象因子，使之尽可能满足玉蕈子实体正常分化发育对环境条件的要求，在同一菇房内，这四种因子有着相互影响的关系。如通风时可改变菇房的温度，降低空气的相对湿度；菇棚光照度增强，棚内温度也会随之提高等。此外，菇房形式、出菇季节、地势、天气变化等因素都会影响到管理工作的效果。因此具体进行喷水、通风、加温、降温等项管理工作的时间安排和量化程度时，应因地、因时制宜，灵活掌握，才能获得最佳效果。

**（4）病虫害防治**

① 绿霉。玉蕈在下地排场催蕾时，一些菌袋表面会发生绿霉，发现时应及时挖除并用手提式喷雾器喷多菌灵 600 倍液，防止进一步扩展。

② 蛞蝓。在田间畦栽时，蛞蝓发生较多，该虫白天躲藏于土层下，晚上出来取食子实体，造成缺刻，影响质量。防治方法，采用 3％密达颗粒剂散撒于畦面土壤上诱杀。

③ 菇蝇。当菇体成熟时，会吸引菇蝇成虫进入菇房（棚）（图 2-3），成虫在菇体上产卵孵化成虫蛆为害菇体，影响产量和质量。防治方法：用 25％的菊酯 1000 倍液，喷雾菇棚四周杀灭。

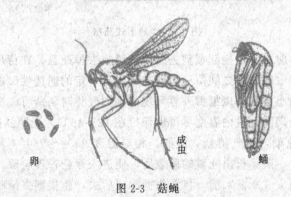

卵　　　成虫　　　蛹

图 2-3　菇蝇

### 12. 采收与加工

**（1）采收**　目前我国生产的玉蕈，主要以盐渍品出口。出口产品要求菇盖色泽正常，直径在 1～3.5 厘米，3.5 厘米以上的不超过 10％。菇盖边缘不得完全展开，因此应根据出口的规格要求进行采收，不能待子实体完全成熟后采收。采收时，在每丛菇中最大一株菌盖径长 4 厘米左右时就整丛采下，这样绝大部分的菇体在加工后都能符合要求。黄化菇一般在盖径长 3 厘米左右时就会很快开伞、老熟，不能等到盖径长至4厘米时采收，应在菇盖展开前，先采摘，否则就会失去商品价值。采下的菇连菇根一起单层、整丛排放在小容器中，然后端出菇棚，分株去根。鲜菇容易破碎，采菇、分株时要小心操作，轻拿轻放以免损坏菇体。

**（2）盐渍加工**

① 杀青。去根、分株后的鲜菇及时进行杀青处理。杀青方法：在铝锅中加水至3/4处，用旺火烧沸，将占水重2/5的鲜菇轻轻倒入沸水中，用铝制或竹制的爪篱轻轻地把漂在水面的菇按入水中，待水再次沸后继续煮4分钟左右，然后将菇捞入较大的冷水盆（或缸）中进行快速冷却。熟透的菇在冷水中会很快下沉，未下沉的菇便没有煮透，要重新再煮。煮菇量大时，冷却水会很快升温。因此要勤换冷水，最好采用二次冷却法，即将一次冷却后的菇体捞入另一冷水容器中让其快速冷却。这样有利于保持菇盖、菇柄的原有色泽和达到彻底冷却的目的。

② 盐渍。杀青后的熟菇不可久置，要及时进行盐渍处理。盐渍时，菇盐比为10：4。先在缸底铺一层厚约1厘米的盐。再铺30厘米左右厚的菇，一层盐一层菇直至装满缸，最上面铺上2厘米厚的盐封口，封口盐上铺一层纱布或纱网，布上加一个竹编的盖，盖上压一块洗净的砖石，最后注入饱和食盐水，使菇体完全浸没在盐水中。另外一种方法是：按比例将菇盐拌匀，混装入缸，满缸后仍如上加盖，注饱和食盐水，这样盐渍10天后倒缸一次，即将菇体翻入其他缸中继续如上盐渍。再经10～20天盐渍，便可出缸分级包装外销。

③ 分级与包装。将盐渍好的菇，根据购销部门（或客商）的要求，剪去过长的菇柄，捡出破碎、黄白、畸形菇（这些菇可就地销售），将菇盖呈灰褐色的正品菇按菇盖直径大小分级，出口菇要求菇盖完整，灰褐色，盖缘下卷；柄长2～4厘米，白色至灰白色，中实；无破碎，无异物，无生菇，无畸形菇；盐度23波美度。根据菇盖直径大小将产品分为如下四级。S级：1～2厘米； M级：2～3厘米；L级：3～3.5厘米； 等外级：3.5厘米以上。分级后

用外销专用塑料桶包装待售或外运。

# 八、优化栽培新法

## (一)室内高产瓶栽法

### 1. 栽培季节

可分春、秋两季栽培。春栽，3月中旬至5月上中旬，秋栽在8~9月播种。依据当地气候条件，可尽量适当提早，以保证在高温来临之前，给菌丝生长留有充足的时间。春播待菌丝体发菌后，菌袋要进行越夏管理，使菌丝体后熟，然后在9月中下旬至11月上中旬进行出菇管理。秋播的菌丝体发育期正处于低温时期，生长较慢，要进行越冬管理。

### 2. 栽培方法

**(1) 培养料配方**  常用的栽培料配方有如下几种。

① 棉籽壳100千克，麸皮（或玉米面、米糠）8~10千克，黄豆粉3~5千克，石灰2千克，过磷酸钙3~4千克，水140~160千克，pH值7.5~8。

② 阔叶树木屑100千克，麸皮12千克，黄豆粉3~5千克，石灰1千克，过磷酸钙3千克，水120~130千克，pH值7.5~8。

③ 木屑40千克，棉籽壳40千克，麸皮13千克，玉米粉5千克，糖1千克，石膏1千克，水110~120千克，pH值自然。

④ 棉籽壳78千克，麸皮15千克，玉米粉5千克，糖1千克，石膏1千克，水110~120千克，pH值自然。

⑤ 棉籽壳43千克，高粱壳43千克，麸皮10千克，糖1千克，石膏1千克，石灰1千克，过磷酸钙1千克，水110~120千克，pH值自然。

⑥ 鲜酒糟76千克，棉籽壳20千克，石膏1千克，石灰2千克，过磷酸钙1千克，硫酸镁0.1千克，水适量，pH值7.5。

**(2) 配料装瓶**  任选上述配方一种，按常规配制，装入罐头瓶中（也可装入塑料袋中进行袋栽），瓶的口径为 54～58 毫米，容量 800～850 毫升（由聚丙烯料制成），每瓶装料 500 克左右，上面要装成中间高四周低的馒头状，以利增加出菇面积，形成更多子实体。装瓶后用牛皮纸加瓦楞纸封口。

**(3) 灭菌接种**　装瓶后，采用高压灭菌，115～120℃灭菌 1 小时；常压灭菌要求达 98℃以上保持 4～5 小时。待料温自然下降至 60℃以下时出锅，将料瓶放入冷却室或接种室进行冷却，室内需装除菌过滤器。接种室于进瓶前，先清扫并打开紫外线灯消毒，再通过超净过滤器吸入无菌空气。在接种过程中全自动接种机的接种部分要经常喷 70%酒精消毒，菌种瓶要先经酒精擦拭后，在酒精灯火焰控制下开盖，将表层老菌种挖掉后，再将菌种接入培养基。

**(4) 发菌管理**　接种后马上将菌瓶移入发菌室，室温保持在 20～23℃，空气相对湿度 65%～70%。经 30～35 天菌丝可长满瓶，然后移入菌丝成熟室继续培养。此时要将温度调到 25～27℃，空气相对湿度提高到 70%～75%，每天通风数次，并给予少量光照，经 30～40 天培养，菌丝就达到生理成熟了。

**(5) 搔菌和注水**　菌丝成熟后，用搔菌工具（图 2-4）把菌瓶表面搔松，以利原基从残留的老菌种块上长出，这样做出菇早，且菇丛弯曲，很像野生的离褶伞菌，很受消费者欢迎。

搔菌后要给菌瓶注入清水，注水 3～5 小时后再将余水倒出，以湿润培养基表面，有利于原基形成。

**(6) 催蕾**　注水后，调温到 13～16℃，并用超声波和加湿机把空气湿度调到 90%～95%，光照 50～100 勒克斯，且要光照均匀。打开电风扇排气、使二氧化碳浓度降到 0.4%以下。将瓶口盖上报纸或有孔薄膜保湿。12 天后，当针状菌蕾分化出菌盖时，揭去覆盖物，移入育菇室出菇。

**(7) 育菇**　为了培育出优质菇，将育菇室的温度调至 14～15℃，相对湿度控制在 85%～90%，光照 250～500 勒克斯，每天照射 10～15 小时，并可吹微风抑制子实体徒长。

**(8) 采收**　菌瓶移入育菇室 13～15 天，当子实体菌盖达 2～4

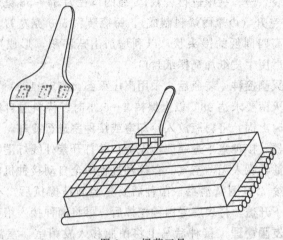

图 2-4 搔菌工具

厘米时便可采收。采收前半小时喷一次轻水，以增强菇体韧性，防止菌盖破裂。采收时一手按住菌柄基部培养料，一手捉住菌柄轻轻将菇体整丛摘下。采下的菇可就近鲜销，也可盐渍出口。

**（9）采后管理** 采收一潮菇后，及时清除瓶内残留的菌柄、碎片及死菇，轻喷水一次，用塑膜覆盖菌瓶口，再行催蕾管理。经15 天左右，又有新的菇蕾出现。每瓶可先后采收 100～120 克优质菇。玉蕈生物学效率一般在 80％左右，高的可达 100％以上。

## （二）室内高产袋栽法

玉蕈在室内进行袋栽，便于管理，环境条件适量，可获得较高产量。其技术要求如下。

### 1. 栽培季节

长江流域一带的栽培季节应于 8 月中下旬接种制菌袋，10 月中旬后开始出菇较好，此时自然温度由高到低，正适合玉蕈生长发育。若采用室外拱棚栽培，还可相应推迟制作菌袋，以免受高温影响不利于发菌和出菇。据试验，玉蕈也可冬春培菌，菌筒（袋）越夏，秋季出菇；或秋冬播种越冬后，在春季出一潮菇，越夏后，再出一潮秋菇。

**2. 培养料配方及配制**

**(1) 培养料配方**

① 棉籽壳 93%，麸皮（或米糠）5%，过磷酸钙和石膏粉各 1%。

② 棉籽壳 40%，木屑 40%，麸皮 18%，过磷酸钙和石膏粉各 1%。

③ 稻草粉和切碎的短稻草 75%～80%，麸皮 20%～25%（或尿素 2%～5%），过磷酸钙和石膏粉各 1%。

④ 锯木屑 75%，麸皮 20%～23%，磷肥和石膏粉各 1.5%～2%。

**(2) 培养料配制**　不论选用哪种培养料，都要新鲜、干净、无霉变、无病虫杂菌滋生。配料时将主料浸透水分，然后加入辅料充分拌匀，用 1% 的石灰水调节酸碱度，使 pH 值为 7 左右，使含水量达 65% 左右。

**3. 装袋灭菌**

采用 17 厘米×34 厘米的聚丙烯高压塑料袋装料，每袋装干料 0.7～1 千克，按常规法灭菌。

**4. 接种发菌**

灭菌后的菌袋置接种室冷却至 24℃后，在无菌操作下接种，采用两头接种法，以利菌丝迅速长满袋料。接种后将菌袋移至培养室发菌。培养室温度保持在 20～24℃，遮光培养。菌袋单排堆放，每排高 8～10 层（袋），两排之间隔 5～8 厘米空隙。发菌阶段室内少通风，以菇房内不感到闷气为宜。一般经过 35～40 天培养，菌丝即可长满菌袋。若温度偏低，发菌时间则相应推迟。发菌期的室内相对湿度应在 65%～70%。发菌期内，要经常检查菌袋中有无杂菌感染，发现杂菌感染应及时剔除，防止扩散蔓延。

**5. 出菇管理**

菌袋长满菌丝并达到生理成熟时，菌丝由灰白色变成浓白色，菌丝开始扭结并有黄色分泌物溢出时为出菇征兆。此时要将菌袋口打开进行"搔菌"处理，用搔菌耙轻轻地在料面耙一耙，去掉耙起来的老菌皮，以便顺利出菇。"搔菌"后将菌袋置于室温12～15℃的菇房，室内要有一定的散射光，以促使子实体尽快分化。子实体分化形成时，空气相对湿度要保持在85%～90%。一般经过5～7天，料面开始形成雪白的米粒状菌蕾，然后伸长呈针状，并转为浅灰色，逐渐长大的顶端形成球形菌盖并变为灰褐色。此时要剪去塑料袋口（或脱袋后采用薄膜覆盖），使小菌蕾暴露出来。同时要提高室内空气相对湿度，使相对湿度达90%～95%，温度保持在12～15℃。针状菌蕾出现后，温度不能超过16℃，相对湿度不能低于90%。喷水时不要直接喷到菌袋上，只能向地面、空间或四壁喷雾，否则已形成的菌蕾会萎缩死亡。出菇期要经常开窗通风，每天换气3～4次，保持室内空气新鲜，防止畸形菇产生而降低商品价值。

**6. 采收与采后管理**

玉蕈从子实体出现到发育至成熟经需15～18天，温度偏低时生长时间相应推迟。玉蕈为丛生状，每丛可长30～50个大小不等的子实体，当其中最大一个的菌盖直径有4厘米时，应将整丛菇采下。采前要喷水增湿，以增强子实体的韧性而避免破碎。采收时动作要轻，一手按住菌柄下的培养料，一手轻拔菇体，以免损伤菌丝影响下茬出菇。

头茬菇采后应除去菌袋表面残留的菇根和死菇等杂质，喷足水分，用塑膜覆盖好，以利养菌。然后再按常规管理出菇，一般可采3～4茬菇，生物效率可达100%以上。

# （三）室外双棚袋栽法

据福建省农科院植保所李开本等（1998）报道，在室外双棚大面积栽培玉蕈可获得较高产量。现将主要栽培技术介绍如下。

**1. 栽培季节**

由于玉蕈为低温型菇类，出菇季节在深秋至春季较适宜，所以南方地区必须在9月份开始生产菌袋，在12月下旬至次年3月中旬室外排场出菇较好。北方地区可分别提前和推迟一个月进行生产。

**2. 培养料配制**

**(1) 培养料配方**　阔叶树木屑75%，麦麸15%，玉米面3%，黄豆粉3%，石膏2%，石灰1%，蔗糖1%，另加磷酸氢二钾0.2%、硫酸镁0.1%。

**(2) 配制方法**　先将木屑、麦麸、玉米面和黄豆粉按比例称量后，倒在水泥场上混匀，而后将石膏、石灰、蔗糖和磷酸氢二钾、硫酸镁溶于适量的清水中搅匀。再将此溶液与上述主料调配，使培养料含水量在65%~70%，pH值调至6.5~7.0即可。

**3. 装袋灭菌**

采用17厘米×30厘米耐压塑料袋装料，每袋装料约400克，高压灭菌122℃ 3~4小时，或常压灭菌100℃保持8~10小时。

**4. 接种与培菌**

**(1) 接种**　培养料灭菌后冷却至25℃以下按无菌操作接种，接种前，接种箱或接种室应彻底消毒。玉蕈的接种量应多一些，大约每瓶栽培种以接30袋为宜。

**(2) 培菌管理**　由于发菌期间正值高温季节，因此发菌室应选在阴凉干燥地方，以双袋背靠成条堆放，每条堆高7~8层，待发菌半袋时，进行翻堆，先后翻2~3次；用排气扇进行短时间换气通风，降低二氧化碳浓度，有利发菌。一般经过45~55天后，菌丝可长满袋。当菌丝达到生理成熟，菌丝体由浅灰色变成浓白色，培养料已成整块状，菌丝开始扭结时转入出菇管理。

**5. 双棚的搭建**

选择地下水位较高的田块，除草整地后，搭草棚，棚宽2.5米，分2畦，上部再搭塑料拱棚，高度为2.2米，草棚与塑料棚组成复式大棚（此称双棚）（图2-5）。菌袋采用畦面排场或搭双层架排场出菇，也可在室内排袋或上架出菇（图2-6）。

**6. 出菇管理**

当菌袋菌丝体开始出现扭结时，打开菌袋，往菌袋内注入清

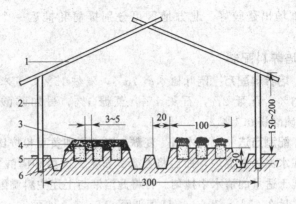

图 2-5　遮阴与出菇棚（单位：厘米）

1—棚顶；2—棚柱；3—薄膜；4—稻草；

5—埋段台；6—菌袋；7—排水沟

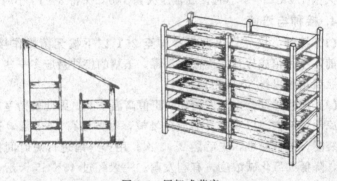

图 2-6　层架式菇床

水，静放 3～4 小时后，再把水倒出，然后排场。用地膜或湿报纸覆盖菌袋，保湿催蕾。温度控制在 14～16℃。经过 3～4 小时后菌袋发生二次发菌时，去掉覆盖物，适当通风，降低二氧化碳浓度，增加透光度，促进原基分化。当菌袋表面形成密密的许多针状菌蕾时，用铁丝耙将菌袋四周的原基轻轻地刮掉，留下直径 5～6 厘米的中央一块原基，保证这些子实体能获得充分的营养，促进生长整齐。此期间温度应保持 18℃ 以下，超过 20℃ 影响子实体生长。空间相对湿度应保持 85%～90%，采用地面倒水和空间喷雾方法，增加空间湿度。但不能直接向菌蕾喷水，否则易造成烂蕾。

**7. 采收及采后管理**

① 采收。玉蕈自针状子实体形成到采收约需 15～18 天，玉蕈为丛生，每丛可长菇 15～20 朵，当其中最大一朵菌盖有 4 厘米时，应将整丛菇全部采下，采后逐丛排放于筐内，取回分朵用利刀削去菇脚及杂物，菇柄长 5 厘米即可。然后按菌盖大小分级包装（分级标准如前所述）外销。

② 采收后管理。头潮菇采收后应及时去除残留的菌根和死菇，挖去表层 1 厘米厚的培养料，喷足水分后，用塑料膜覆盖好菌袋，让菌丝体充分恢复发菌，然后转入第二潮出菇管理，必要时可增喷 N、P、K（即氮、磷、钾）合成营养液增加营养，一般可采收三潮菇，生物效率达 80％以上。

# （四）工厂化栽培法

## 1. 菇房设施配套

菇房建造视生产规模而定，如果设计日产玉蕈 5 吨的企业，按袋产商品菇 250 克计算，每日需有 2 万个菌袋进入采收期。而菌袋培养周期需 100 天，转入出菇仅有 30 天。为使发菌与出菇不间断连接，就需要建造每间容量 2 万袋的发菌室 100 间，同时配套出菇房 30 间。

工厂化周年生产的关键是菇房制冷设施的安装。制冷设施要按实际菇房的空间容量，配备制冷机组或大功率空调。一般 70～150 米³ 的菇房，需选用 1500～2000 瓦的制冷机组，还需配备换风扇、增湿机等设备。为了达到菇房保温的效果，菇房四周可用 10 厘米泡沫板贴墙，外加彩钢板或采用 10 厘米三合板贴墙，然后用木线条装订，空隙装入细杉木屑。出菇架要离房顶 20 厘米，出菇架一般为 4～5 层，层高 50～55 厘米。每架底面上安装红外线灯管若干支，菇房走道上方安装一盏白炽灯，有利于长菇均匀与菇柄肥长、整齐。

## 2. 菌袋生产

工厂化生产菌袋，应采取自动化冲压机，装料中间打孔，插入大小相应的塑料管，方便料袋灭菌后接种。栽培袋采取 17 厘米×35 厘米成型折角袋，装料高度 16～17 厘米，袋口套环加棉塞。采用钢板焊制成的常压灭菌柜或钢板锅大型灭菌灶，每灶容量 2 万～2.5 万袋。

从现有进入工厂化生产的企业来看，常因菌袋成品率低，增加了成本，致使企业生存受到威胁。提高菌袋成品率，关键在于料袋灭菌彻底，容量 1 万袋以上的灭菌灶，温度达 100℃后保持 36 小时；接种室严格消毒，接种采用层流式超净操作台，严格执行无菌操作，防止病从口入；发菌培养防高温，防潮湿，避光线，勤检查，及时处理杂菌污染袋，每个环节严格把关。

## 3. 适期搔菌催蕾

搔菌催蕾是工厂化生产的关键技术。有的工厂搔菌时机掌握不准，常见太早搔菌，虽有长菇，但产量与菇质差；有的工厂搔菌错过佳期，加之操作欠妥、管理失控，引起烂蕾。因此，搔菌关键在于掌握菌丝生理成熟度。菌袋成熟的标志为：一是菌龄，一般工厂化生产人为控温条件下，培养至生理成熟其菌龄约为 90～100 天；二是外表，菌袋壁面起皱，有少许皱纹出现；三是基质，手捏菌袋略有松软感。达到上述标准即可进行搔菌催蕾。搔菌催蕾技术如下。

第一，搔菌方法。将接种耙伸入袋内，挖掉原接种块，并搔除周围薄菌被即可。搔菌能促进一次性整齐出菇，且菇体粗壮有力，产出更多的优质商品菇。

第二，低温刺激。搔菌后菇房内温度调整在 10℃左右，进行低温刺激，使每个菌袋在同一时间受冷刺激，同一时期长出粗壮菇蕾。低温刺激时应区别菌袋情况摆放，冷库内的上、下层架间，一般有 3～4℃的温差，为节省能源与库房空间，需催蕾的菌袋可放在底层床架。而中、上层的床架，可以摆放已现蕾的菌袋。

第三，保湿控光。冷库内的冷风机与排气扇工作时，易造成菌袋表面失水，可采用菌袋表面覆盖湿无纺布保持菌袋的湿度。袋内不能有积水，但地面上一定要有淤水，以保持菇房内空气相对湿度达到要求。同时，增强出菇房光照强度，70 米³ 容积的出菇房要安装 1 盏 40 瓦日光灯，开灯 10 小时，促进原基发生，并分化菇蕾。

### 4. 出菇管理

催蕾结束进入子实体生长发育阶段，管理上掌握好以下"四关"。

① 恒定适温。长菇阶段应将库房内温度调节到 15～18℃，以促进子实体加快发育。一般来说，从开袋搔菌到现蕾需 10～15 天。

② 控制湿度。出菇期间房内空气相对湿度保持在 90%～95%。采用往地面喷水与菌袋表面覆盖湿无纺布的方法，基本能达到所需的空气相对湿度要求。喷水要随着气候变化，做到干燥天多喷勤喷，雨季空间湿度大少喷不喷。

③ 调节通风。玉蕈比较耐二氧化碳，出菇过程不必常开排气扇，只需在白天进冷库喷水作业时，将库房门与缓冲室的门打开通风即可。

④ 光线处理。70 米³ 容积的出菇房，要安装一盏 40 瓦日光灯和每个架层下面安装相应的几支红外线灯管。幼菇期 5～7 天每天打开日光灯 5～6 小时，即可满足库房内的照明需要。日光灯垂直于地面，能促使上、下床架菌袋受光均匀。子实体进入发育期应采取红色灯光照射，并采用间歇光照法，有利于菌柄抽长，抑制菇盖开伞。白天进入库房操作时打开红灯即可。

### 5. 节能措施

工厂化周年制栽培产品能均衡满足市场需求，是食用菌生产的方向。但是电能消耗是冷库反季节栽培的主要支出项目，节约用电是增加冷库反季节栽培玉蕈效益最有效的途径之一。这就要求：一要备好库房内外的隔热措施；二要设立缓冲室，减少冷气散发；三要选择夜间开冷气机降温，避开用电高峰期，多方降低电价开支；四是在开冷气机之前，往地面喷冷水能有效地降温，减少电能消耗。

### 6. 适时采收

菇蕾发生后 15 天左右，子实体即可成熟。因菌袋多，要及时采收。采收后继续按上述要求管理，一般可采 2～3 潮菇。

# （五）日本瓶栽法

日本对该菇的研究、生产起步较早，从培养料的选择与调配，装料灭菌与接种，培菌催蕾与出菇等各个环节都取得了十分丰富的经验，并已实行机械化、工厂化、规模化、商业化生产，很多经验和技术值得我们借鉴和学习。为加快我国玉蕈发展速度，特将有关关键技术介绍如下，供各地菇农参考和使用。

玉蕈是栽培期较长的食用菌，大约需要 90～110 天，因管理的差异，极大影响到玉蕈栽培的好坏。玉蕈子实体的发生方法，由于母种，特别是栽培种的成熟度（母种的状态）有很大的影响，因此，菌种质量和选择要特别细心。

生产工艺流程为：

培养料（原辅料）选择→培养基制作→装瓶→灭菌→接种→发菌→搔菌→催蕾→出菇→采收→加工

具体栽培技术如下。

### 1. 培养基的选择及配制

### （1）原辅材料选择

① 木屑。蕈培养基原料所用的木屑，基本上使用山毛榉（水青岗）、抱栎、天师栗（七叶树）等阔叶树的木屑。由于栽培技术的提高，采用柳杉、松树等的木屑也可以栽培玉蕈。单独用针叶树的木屑栽培玉蕈时，应注意木屑堆积发酵的程度和木屑粗细的分布。还要注意辅料（营养剂）的种类和用量。这些因素配合起来刚好适合玉蕈的栽培。

针叶树的木屑堆积在屋外最少需六个月，偶尔进行喷水和翻堆，这样做不仅可以把木屑中所含的阻碍玉蕈菌丝生长的成分——多元酚和树脂成分溶出、去除，而且可通过这种处理使木屑（木材）细胞壁内保持大量水分（菌丝易利用状态的水），可确保玉蕈培养料中有充足的空隙。阔叶树的木屑如果长期堆积在屋外，则会发生分解、腐朽，就不适合作为玉蕈的培养基原料。因此，必须搭一个屋盖等，不要让木屑淋雨。一般来说，都把阔叶树木屑和针叶树木屑混合起来用，从15年前阔叶树木屑∶针叶树木屑(2~3)∶1变为后来的阔叶树木屑∶针叶树木屑1∶(2~3)。现在，已变成不用阔叶树木屑来制作玉蕈培养基了。这并不是仅仅由于阔叶树木屑的价格猛涨，也是因为开发出了各种各样的辅料（营养添加剂）。

木屑的粗细在确保培养基的空隙度方面是极重要的。细的木屑降低了培养基的空隙率，致使玉蕈菌丝生长缓慢，同时也推迟了菌丝生理成熟期，影响到菇蕾发生和子实体的成长；木屑过粗，培养基的持水力差，培养基容易干掉，为此，木屑粗细要适当搭配使用。

然而环境问题开始引起注意。由于要额外提供木屑的保管场所及木屑质量的不稳定性，慢慢地不用木屑了，而用木屑的代用品。引人注目的木屑替代物是玉米芯粉（玉米渣子）。玉米芯因其本身含有相当多的糖质（碳水化合物），不仅可以作为培养基的原材料，而且可作为培养基的营养源（营养源添加剂）。另外，因为玉米芯含水率低及含水率大体一定，所以，保存性好，好保藏。可是，现在还没有种菇用的玉米芯粉出售，粒度（粗细）的分布也不稳定，因此，水分的调节很困难，每瓶装填量也不稳定。

② 辅料（即营养添加剂）。几乎所有栽培的食用菌都是吸收糖质、蛋白质、脂肪、氨基酸、维生素、无机质等而生长发育的。为此可以从含有这些成分的米糠、麸皮、玉米糠、大豆皮、碴糠、高粱粒、啤酒酵母粉等各种副产物中选择，从中选几种混合使用。这些辅料混合使用比单独使用有明显的增产效果。据寺下等人报道，对玉蕈的营养生长来说，使用葡萄糖（海藻糖）、淀粉、木糖、麦芽糖，玉蕈的菌丝生长比较好。使用果糖和乳糖，玉蕈的菌丝生长明显下降。作为氮源，马铃薯提取液（200克马铃薯/1000毫升水）、啤酒酵母粉最好。

**（2）培养基的组成** 在850毫升的栽培瓶中，木屑1.0~1.1

升，单用米糠 100～105 克，或和麸皮合并使用，米糠 70 克加麸皮 30～35 克，培养基的含水量以 63%～65% 为适当。

**(3) 搅拌装料** 把原料倒入搅拌机，用木屑时，仅木屑在事前（提前 3 天）投入，其他材料在装瓶的当天投入为好。倒入的培养基素材如木屑和玉米芯粉及营养添加剂等"干料"先拌均匀，加水时按前述的每瓶需水量来确定加水量，加水后再搅拌。由于搅拌机的大小和容量不同，搅拌时间也不同，干拌约 30 分钟，从加水到装瓶约 60 分钟为适当。长时间的搅拌（也含装瓶时间，装瓶机、链式传送带等的维修），培养基（养分）发生发酵、产生有害物质，pH 值急剧下降，便成为菌丝生成缓慢的原因。特别是夏季等高温时，必须注意培养基的搅拌，要尽可能在短时间内达到充分拌匀的程度。

水分调节是很重要的，它或多或少会产生弊病。因此，要很慎重地进行调节。装料量 850 毫升的塑料瓶，培养料含水率 63%～65%，内容物的重量大约是 520～550 克。装料的重量，也因培养基原材料和培养基的组成而有明显的差异。不能单说装料量就可以了，要按培养料容重的变化，把装料的重量按容重的一定的比率装瓶之后，培养料的松紧率（硬度）和孔隙度可以保持一定。再一点，在一个周转筐中每一瓶的装料重量要大体相同，必须把装瓶机调节到打开接种洞穴时完全到达瓶底的高度。菌床（培养基料面）离瓶口 15 毫米的程度，不要太深（指装入量太少）。另外，培养料的高度不要装得高低不平。

培养基的物理性质的好坏，对玉蕈菌丝生长有很大的影响。装好的培养基的松紧度（硬度），与其装得很紧，不如装到瓶肩没有孔隙而稍微松软一些更好。瓶肩处留有空隙，菌丝培养后期，会在瓶肩中出菇，成为玉蕈产量降低的原因；装得很结实时，菌丝生长明显缓慢。

装料后，要用中央凹下去的玉蕈专用的塑料瓶盖，先把菌种压下去再盖上。塑料盖的通气性是很重要的，通气穴的面积扩大，瓶盖和瓶子嵌合很松（盖不紧），易引起使玉蕈出菇必需的馒头形的菌种部分干掉和发生杂菌污染。相反，通气穴的孔眼也会堵着菌种，盖子盖得很紧，通气性不好的盖子，会使玉蕈菌丝生长缓慢，塑料盖的通气性因为使用频度而发生变化，所以要定期更换氨基甲酸乙酯泡沫和清扫通气穴。

**2. 灭菌、冷却**

灭菌的目的不仅是杀死存在于培养基内部的霉菌和细菌，而且也有通过加热、加压把培养基变成菌丝易分解和吸收的状态的作用。灭菌的温度和灭菌的程度因灭菌锅的样式和大小以及加热方式而异。

**（1）高压灭菌的基本条件**

① 用蒸汽量最大进行高压灭菌，用减压阀调节，用锅炉时，必须注意灭菌状态的变化。

② 全部栽培瓶内的温度达到100℃以后，需5小时以上。

③ 加压，最高温度达到118℃，加压时间30分钟以上，要调节到不会使塑料瓶变形。

④ 要调节灭菌锅的冷却速度，使之保持118℃。常压灭菌的瓶内温度在98℃以上保持5小时以上。

⑤ 设定排气开始时灭菌锅内的温度降到106℃，在 $94199 \times 10^4$ 兆帕以下的加压灭菌时间。

排气后，锅内的压力达到与外界的压力平行之后，随着锅内温度的降低，锅内出现负压，倒吸空气。出锅时也同样发生空气倒吸现象，所以，当锅内到达100℃时要立刻打开排气阀。再者，作业场和冷却室内污染的空气，特别是含耐热细菌的芽孢的空气吸入瓶内，会引起玉蕈菌丝停止生长。在高压灭菌锅吸气口上安装HEPA过滤器和无菌室的通风装置，冷却室也安装上空气过滤器和无菌的通风装置等进行充分的空气除菌是非常必要的。

**（2）冷却**　所有的栽培瓶内部都要冷却至玉蕈菌丝的培养温度。可是，现实是周转筐互相重叠，筐周围的瓶子过分冷却的情况很多。这时，玉蕈菌丝的成活就很慢，菌丝的生理成熟就受到影响。另外必须注意瓶内30℃以上高温时接种，玉蕈菌丝的成活很缓慢，还会引起菌丝老化，这也是杂菌侵入并很快繁殖的原因。另外，通气性不好的瓶盖，冷却时瓶盖内的氨基甲酸乙酯泡沫内会凝结水珠，凝结水珠的氨基甲酸乙酯泡沫很不容易干掉，会造成通风不良，所以要准备一些备用的塑料瓶盖（灭菌过的）以便更换。

**3. 接种要求**

**（1）严格消毒灭菌**  在玉蕈栽培中，接种时只要稍有污染，培养末期也会造成很大危害。接种工作从盖塑料瓶盖到搔菌前的作业过程中，只要一次培养基的表面暴露在外界空气中，都会造成污染。接种室是栽培设备中最必须灭菌的。为此，室内必须彻底清扫，然后开杀菌灯，充分净化，通风口也要安装空气净化过滤装置，经常保持正压状态的排气构造。接种过程中要穿专用的防尘服和戴帽子，不要把杂菌带入接种室。

全自动接种机的各部分部件，要用70％的酒精喷雾、揩擦进行消毒，直接接触到菌种的培养皿、搔菌刀要用火焰灭菌。接种作业时，为了使作业区（部）周围的空气达到清洁干净，通风换气的单元采用下吹式（直下）。用沾上酒精的脱脂棉擦拭菌种瓶，培养基表面用火焰灭菌。其后把至瓶肩部的培养基刮去，瓶口再用酒精消毒后，倒放在无菌的接种箱中。

**（2）接种方法**  因玉蕈会从接下的菌种（块）长出菇蕾来，因此，菌种要压成馒头形，菇体才会长得漂亮。菌种压成馒头形是由塑料瓶盖里侧凹下的部分压出来的，其周围的菌种也由盖子里侧轻轻压一下较好。再者，菌种挖碎的方法也必须考虑到菌种块的粗细（粒度），不要挖成一大块。菌种盖盖子如不小心，多接了菌种，则通风性受阻，菌丝生长缓慢；相反地，菌种接得太少，露出培养基表面或招至杂菌发生，或造成菌种干掉。馒头部分形成厚厚的菌被，菇蕾就出不好。接种量以一瓶850毫升的菌种接32～42个栽培瓶为宜。

**4. 培菌管理**

接种后将菌瓶移入经过消毒的培养室进行发菌培养，培菌期间要根据玉蕈的生物学特性，注意以下管理。

**（1）调控好温湿度** 玉蕈营养菌丝生长的最适生长温度，不同品种有所不同，一般在 22～25℃ 范围。菌丝生长最盛时，因代谢所产生的热量发出所以培养基（菌床）内部的温度比瓶子周围的外界温度高 1.5～3℃。可是，由于排放栽培瓶时，接种时期近的，往往集中排放在一起，会引起局部的二氧化碳上升和温度上升。为了修正，把设定的温度降下，再开电风扇之后，会引起玉蕈在瓶中发生菌种硬化症。因此，把发菌经过不同天数的菌种，调配在一起，分散热源，使培养室还有充足的排放空间来收容栽培瓶，应以这样的管理为基本。培养室的温度调节到 21～23℃。可是，制冷机吹出的温度过低、制冷机开机的时间过长时，菌丝感受到的实际温度会比设定的温度低。为此，菌丝生长缓慢，而且会引起培养过程中就长出菇蕾。所以制冷机的操作要调（修）整。以上介绍有关温度的管理，不能忘记这些管理，归根到底都是以栽培瓶内的温度为基准的。培养室内的相对湿度用加湿机调节到 65%～80% 左右。湿度过高，塑料瓶盖内的氨基甲酸乙酯泡沫很容易凝结水珠（结霜），这样玉蕈的菌丝就会从塑料盖的通风孔长到氨基甲酸乙酯泡沫片上造成通风不良，特别是发菌培养后期湿度低下，出现这些症状更加显著。

**（2）适当通风** 在发菌培养过程中，从瓶中排出的二氧化碳浓度，在接种后 17～20 天之间达到最高，由于培养室的通风性差和二氧化碳的危害，玉蕈菌丝生长迟缓，出菇不良。培养室要用热交换式通风装置等，把室内二氧化碳浓度保持在 0.4% 以下。再者，要使瓶内的二氧化碳容易排出，采用移动通风装置，使之略呈负压状态，也是有效的。

培养过程中，室内有一些光照，玉蕈出菇早一些，经常开日光灯后，馒头形的菌种部分容易发生菇蕾，菇容易在瓶中发生。为此，在培养过程中要极力保持黑暗状态。但是为了工作（操作）和培养状态的检查（查菌），只要保留开灯的程度。按以上条件培养后，通常 850 毫升的瓶子内生长 30～35 天，菌丝就完全长满了。发菌天数因培养基条件和环境不同而异，但 35 天以上菌丝尚未发满时，可以肯定那里有不适合的地方。发菌缓慢的原因，可以认为是培养基装压得太实，培养基的 pH 值过低，培养基的水分过多、营养不足，或营养过多，混入有碍菌丝生长的成分，培养环境（温度、湿度、二氧化碳浓度、光照）不适宜，使用通风不良的塑料盖，菌种接种过多，菌种没有落入接种洞（穴）的底部（下部），接种洞穴没有达到瓶底，杂菌污染，等等。

　　几乎所有的培养失败的场合，往往是这些原因综合起来产生的。发菌缓慢和营养不良（生理成熟不足）必然导致出菇不良。

　　培养是营养菌丝量的扩大之过程，玉蕈为了形成子实体，必须有养分积累时间，这个时间称为成熟期。为此，发菌完成之后，要继续培养 35～50 天，发菌缓慢的时候，这个天数还要延长。成熟期间，也有一部分木屑被玉蕈菌丝分解，作为营养积累在菌丝体内。若进入生理成熟期，由于菌丝体的呼吸量减少，栽培瓶内的温度上升也减少。考虑到这一点，在设置生理成熟室时，把栽培瓶放在 23～24℃ 使之成熟为宜。没有设置生理成熟室的场合，把栽培瓶放在发热量多的瓶子附近，这样可以较容易地确保温度，使之成熟。

　　生理成熟期是发菌培养的后期，培养基的含水量上升也变得很缓慢。为此，馒头形的菌种部分就会干掉，因为它的影响是使玉蕈出菇不好，所以室内空气相对湿度要维持在 70％。

　　发菌期短，在 60 天以下玉蕈菌丝的生理成熟度还不够，至菇蕾（原基）形成的时间就会延长，生育的天数就会变长。这是因为搔菌之后还会进行营养代谢，瓶内温度要降到出现菇蕾的温度，需要花时间。这种菌丝生理成熟不足，会发生瘤状菇蕾和畸形菇等，菇蕾发生不良。因为通常 35～50 天就可以达到生理成熟，发菌（培养）和生理成熟合起来为 65～90 天，搔菌前受 20℃ 以下的低温刺激，会缩短至出菇的天数，但若不努力尽快做出调整，在瓶中就会出菇，就会产生相反的结果。到底怎样的状态才算完全成熟？主要靠经验判断。因所用的木屑的种类不同，其分辨的方法也不同。用阔叶树的木屑（山毛榉）时，完全成熟时是淡黄色至淡橙白色；用柳杉木屑时，完全成熟时培养基是带红色的淡褐色。在栽培者中有人误认为菌丝生理成熟以高温为好，认为在夏季等高温时节要放在30℃下使之成熟。实际上这会阻碍玉蕈菌丝的营养代谢，使菌丝衰弱，造成菌丝的生理成熟不足。再者，长期生理成熟不足，引起酸败，有的完全不会形成原基，产量一定会降低的。

培养基（菌床）的 pH 值从 6 左右始发时，一度上升，成熟末期降到 5 附近。pH 值降不下来，可以认为是菌丝生理成熟不足。另外，培养基的含水量从 64% 始发时，生理成熟末期会超过 70%，没有上升到这种程度的含水率就长不出好的菇蕾。

### 5. 搔菌

搔菌是促进菌床表面形成菇蕾的作业，搔菌的好坏影响着子实体的形成和产量。栽培玉蕈时，采用专用的搔菌机，把菌种中央用凹皿轻轻压下，同时把其四周搔掉，把菌种留成圆丘形。采用这种搔菌方法后，因菇蕾主要从残留的馒头形的菌种部分长出来，和不搔菌法相比，长出菇蕾的时间缩短，同时菇蕾呈弯曲状态的菇丛，像天然野生玉蕈的形态，馒头（凸出）的部分和周围，也从周边（环沟）部分长出菇蕾，在菇蕾数增多的基础上，整个菇丛的姿态也很漂亮。通常环沟的深度离瓶口是 15 毫米，但菇蕾多的时候也有深至 18 毫米的。可是，因为难于采收，所以禁止过深。压馒头形菌种部分的凹皿过强（重），馒头形菌种部分会发生龟裂，形状不漂亮。压得过轻，馒头形菌种部分会脱掉。培养状态如果良好，馒头形菌种部分有弹力，环沟的搔菌痕迹也很漂亮。因喷搔和平搔都是从新的菌种表面长出菇蕾，所以到菇蕾长完为止，要花时间。再者，菇蕾数少，菌柄正直，菇蕾从立，产量减少。

搔菌后，把水注入瓶中，约经 1 小时后排水（倒掉），搬入催蕾室。注水后放置时间过长，水浸透瓶内，馒头形菌种中央部分还很干，这一点必须注意。注水的目的在于防止出菇初期干燥，即使注水过多也不会反映在产量上，相反的会推迟搔菌环沟部分菌丝的再生，而且细菌等有害菌污染的危险性会大大增高。

**6. 催蕾方法**

**(1) 注水降温** 在同一菇房中栽培时，必须充分注意到这一点来进行栽培管理。搔菌、补水、排水结束后，把栽培瓶放在 14~16℃、相对湿度 90％以上的环境中，使菇蕾形成。菌丝生理成熟高的，从营养菌丝转为菇蕾是很顺利的。但生理成熟不足时，菇蕾发生（催蕾）之后，菌丝会继续成熟，这样做会招致各种各样的菇蕾形成不良。因此，菇蕾发生后，要迅速把瓶内的温度降低，达到大体和室温相同才行。

**(2) 覆盖保湿** 从搔菌后到催蕾这段时间，用有孔的塑料薄膜等作为覆盖材料。这种覆盖材料应选择那些既能使培养基（菌床）表面保湿，又能通风的材料。催蕾后，二氧化碳浓度应控制在 0.1％~0.2％以下。

**(3) 调控光照** 玉蕈菇蕾的发生易受光线的影响，在近黑暗的条件下，菇蕾发生缓慢，气生菌丝把瓶口全部盖住，易形成瘤状的菇蕾。另外，即使长了菇蕾，菇蕾数目明显增多，造成部分菇蕾生长不良，特别是菌丝生理成熟不足时，这些症状表现明显。光照强的时候，会引起玉蕈菌盖的畸形，所以控制菇蕾发生初期 1~10 勒克斯、菇蕾发生后期 50~100 勒克斯的光照度，用计时器进行间歇控制。室内的光照度要尽可能均匀地用安装日光灯来解决，这样玉蕈菇蕾的发生，可以通过湿度、温度的管理（调节）同时加上二氧化碳浓度的控制和光照的正确使用来加以解决。为了减少菇蕾发生的数目，提早光照，促进菌盖的形成等办法是很重要的，特别是从灰黑色到形成微小的子实体原基时的光照是最关键的。

**(4) 注意调湿** 采用加湿器来控制室内的相对湿度是重要的工作之一，但空调机的风吹得过强，会导致馒头形的菌种部分干掉，要十分注意。还有一点要注意，在发菌（培养）中碰到冷风、或是制冷机开机时间过长、或是制冷机吹出的风温度过低等的影响以及冬季的冷风都必须注意。

另外，没有使用清洗干净的有孔塑料薄膜等覆盖材料之后，常常会发生细菌、枝葡萄孢霉、根霉、毛霉等感染。这也可以说是对催蕾室内部（架子、墙壁、地板等）而言的，必须努力创造一个清洁干净的环境，使玉蕈能在其中正常发生、长大。

## 7. 出菇管理

催蕾后，将菌瓶移入生育室（即出菇房）让其出菇。生育室的环境温度 14～15℃，相对湿度 85%～90%，二氧化碳浓度调到 0.3% 以下。高温时会促进玉蕈成长，菌盖很快开展，变白色，菌肉变薄。过湿时，菌盖色变深，因水滴和细菌易引起淡黄褐色斑纹，降低品质，而且菌盖表面、菌柄表面也易长出气生菌丝，所以不要使生育室过湿。在生育（成长）过程中，光线会促进菌盖形成，而抑制菌柄徒长，所以，出菇时的光照条件要强于催蕾（菇蕾发生）时的光照强度，特别是要定时进行光照，这对其后玉蕈的形状有很大的影响。开始生育光照的标准是菌盖像火柴硬头那么大（约 2～3 毫米）时为最适期。太早光照菌丛会全部挤坏，菌盖与菌盖碰到一起；过迟光照，菌柄会明显徒长，成为俗称的"千菇丛"。为了生产出菌盖色泽深一些、菌柄长度适中以及菌柄粗一些的优质菇，生育室的光照要达到 500～250 勒克斯，符合玉蕈成长的光照时间延长，因光线造成的弊病少而且容易控制菌柄的长度和菌盖的大小，通常要求一天间歇光照 10～15 小时。另外，不能控制菌柄的徒长时，还要用吹风来进行抑制，可是这样一来，风又会促使菌盖开展。所以要十分留意采用适当的方法进行调节。

正如上述那样，温度、湿度、二氧化碳浓度、光线、通风 5 个要素在玉蕈栽培中是综合起作用的。其中一个因素发生变化，伴随着它的其他因素也跟着发生变化，这一点一定要记住。进行符合玉蕈成长的生育管理是很重要的。

## 8. 采收

玉蕈的采收因品种而异，从现蕾到成熟一般以 20～24 天为采收适期。850 毫升的栽培瓶，通常可采收 140～150 克鲜菇。玉蕈肉质致密，但菌盖比较容易脱落，采收和包装时要特别小心，轻拿轻放。可是，消费者要求保鲜期长（货架寿命长）、菌盖漂亮、整齐的商品菇。因此，必须努力提高玉蕈的商品质量。

# 九、病虫害防治

病虫害防治以预防为主，即栽培前搞好菇房及周围环境卫生，做好防虫杀虫工作。在此菇子实体生长发育过程中，主要的病虫害有以下几种。

**(1) 霉菌污染** 催蕾时或采收第一潮菇后，菌袋料面会出现镰孢霉或绿色木霉。发现时应及时清理，并用克霉灵等喷洒，防止扩大污染。

**(2) 嗜菇瘿蚊** 主要是幼虫为害，在温度 8～37℃，培养料湿度大的情况下，该幼虫可连续进行无性繁殖，一般 8～14 天可繁殖一代。防治措施：可用啶虫脒、灭幼脲等杀虫剂喷洒；另外，可停止对菌袋喷水，使幼虫停止生殖和因缺水死亡。

**(3) 蛞蝓** 在室外菇棚栽培时，蛞蝓发生较多，该虫白天躲藏于土层下，夜间聚食菇体，造成菇体残缺，影响质量。可采用 3% 四聚乙醛颗粒剂，撒于畦面土壤上诱杀该虫。

# 十、分级标准

现在此菇产品尚无国标和省标，这里根据市场供求双方协定的鲜、干品标准列表如下（表 2-1，表 2-2），供参考。

表 2-1  鲜品感官指标

| 项目 | 指标 | | |
| --- | --- | --- | --- |
| | 特级 | 一级 | 二级 |
| 色泽 | 菌盖灰白色至褐色，表面有龟裂状花纹，菌柄近白色至灰白色，色泽一致 | 菌盖灰白色至褐色，菌柄灰白色至污黄色，色泽基本一致 | 菌盖灰白色至褐色，菌柄灰白色至浅棕色，色泽较一致 |
| 气味 | 具有此菇特有的香味、无异味 | | |
| 形状 | 菌盖圆整呈铆钉状，完好，菌柄直，整丛菇体长度、体形基本一致 | 菌盖圆整呈伞状，较完好，菌柄较直，整丛菇体长度、体形较一致 | 菌盖较圆整，少部分菌盖稍有缺裂，菌柄稍弯曲，整丛菇体长度、体形不太一致 |

续表

| 项目 | 指标 | | |
|---|---|---|---|
| | 特级 | 一级 | 二级 |
| 菌盖直径/毫米 | ≤30.0 | ≤50.0 | ≤60.0 |
| 长度/毫米 | ≤120.0 | ≤150.0 | ≤180.0 |
| 碎菇/% | ≤1.0 | ≤1.0 | ≤1.0 |
| 附着物/% | ≤0.3 | ≤0.3 | ≤0.3 |
| 虫孔菇/% | ≤1.0 | ≤1.5 | ≤2.0 |
| 霉变菇 | 不允许 | | |
| 异物 | 不允许有金属、玻璃、毛发、塑料等异物 | | |

## 表 2-2　干品感官指标

| 项目 | 指标 | | |
|---|---|---|---|
| | 特级 | 一级 | 二级 |
| 色泽 | 菌盖灰白色至褐色，菌柄近白色至灰白色，色泽基本一致 | 菌盖灰白色至深褐色，菌柄灰白色至污黄色，色泽较一致 | 菌盖灰白色至深褐色，菌柄灰白色至浅棕色，色泽不太一致 |
| 气味 | 具有此菇特有的香味、无异味 | | |
| 形状 | 菌盖圆整呈铆钉状，稍有皱褶、完好，菌柄直，整丛菇体长度、体形基本一致 | 菌盖圆整呈伞状，有皱褶，稍有破裂，菌柄稍弯曲，整丛菇体长度、体形较一致 | 菌盖较圆整或稍有缺裂，有明显皱褶，菌柄稍弯曲，整丛菇体长度、体形不太一致 |
| 菌盖直径/毫米 | ≤25.0 | ≤45.0 | ≤55.0 |
| 长度/毫米 | ≤100.0 | ≤140.0 | ≤170.0 |
| 碎菇/% | ≤3.0 | ≤5.0 | ≤7.0 |
| 附着物/% | ≤0.5 | ≤1.0 | ≤1.5 |
| 虫孔菇/% | ≤1.0 | ≤1.5 | ≤2.0 |
| 霉变菇 | 不允许 | | |
| 异物 | 不允许有金属、玻璃、毛发、塑料等异物 | | |

# 第三章
# 鸡枞菌

## 一、概　述

　　鸡枞菌又名伞把菇（四川）、鸡肉丝菇（台湾、福建）、鸡脚菇、白蚁菇、豆鸡菇（广东）、鸡棕、鸡菌、蚁鸡枞等，日本名大白蚁茸、姬白蚁菌。鸡枞菌的得名据《本草纲目》记载："谓之鸡枞，言其味似鸡也。"

　　鸡枞菌在真菌分类上为担子菌纲、伞菌目、口蘑科、鸡枞菌属（蚁巢菌属）。该属在国外文献记载已达到28种。目前我国已知的约有14种（云南就达12种），常见的鸡枞菌有小果鸡枞菌、小白蚁伞、柱状鸡枞（柱状白蚁伞）、粗柄鸡枞、黑火把鸡枞菌、盾尖鸡枞菌等。鸡枞菌的特点是与土栖白蚁有一定的共生关系，有白蚁巢的地方才能有鸡枞，是我国著名野生食用菌之一。

　　鸡枞菌主要分布于亚、非两洲的热带、亚热带地区。在我国，广泛分布于江苏、福建、台湾、广东、广西、海南、四川、贵州、云南、西藏等地。其中以云南蒙自地区产的鸡枞菌最为有名，号称"蒙菌"。鸡枞分青皮鸡枞、黑皮鸡枞和蒜头鸡枞，前两者食味最好，后者质量最佳。鸡枞菌肉质细嫩、洁白如玉，味似鸡肉，鲜香可口。该菌兼具脆、嫩、鲜、香、甜等风味，是荣誉古今的菌类珍品。

　　现有少量人工栽培，畅销国内外市场，因其珍稀十分昂贵，极具开发前景。

## 二、营养成分

　　据分析测定，每100克干品鸡枞菌含蛋白质28.8克（菌丝体干品中蛋白质含量高达 42.7%），碳水化合物 42.7 克，钙 23 毫克，磷 750 毫克，维生素 $B_2$ 1.2 毫克，尼克酸 642 毫克。蛋白质中含有氨基酸 20 多种，其中人体必需的 8 种氨基酸含量齐全。鸡枞菌具有较高的药用价值，也是我国传统的药用真菌之一。

# 三、药用功能

据《本草纲目》和《本草从新》等药物学记载，鸡枞菌具有"益胃、清神、治痔及降血脂"等作用，有养血润燥、健脾和胃等功能，可用于治疗食欲不振、久泄不止、痔疮下血诸症。

现代医学研究发现，鸡枞菌中含有麦角甾醇类物质和鸡枞菌多糖体及治疗糖尿病的有效成分，能促进非特异性有丝分裂，刺激淋巴细胞转阳，对降低血糖有明显功效，并有抑制人体癌细胞生长的作用。

# 四、形态特征

子实体中等至大型，单生。菌盖直径 23～23.5 厘米，幼时圆锥形至钟形，渐伸展，顶部显著凸起呈斗笠形，灰褐色或黑褐色至淡土黄色，老后辐射状开裂，有时边缘翻起。菌肉白色，较厚。菌褶白色至乳白色，老层带黄色，弯生或近离生，稠密，窄，不等长，边缘波状。菌柄较粗壮，长 3～15 厘米，粗 0.7～2.4 厘米，白色或同菌盖色，内实，基部膨大，具有褐色至黑褐色的细长假根，长可达 40 厘米。孢子印奶油色或带粉红色。孢子无色，光滑，椭圆形，(7.5～8.5) 微米×(4.5～5.5) 微米（图 3-1）。

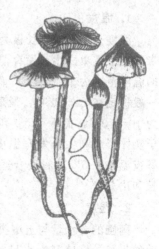

图 3-1　鸡枞菌

# 五、生 态 习 性

野生鸡枞菌的自然发生地主要是在针平阔叶等林地中，此地具有大量的腐烂植物的残体（即腐殖质），可为鸡枞菌的生长提供充足的碳氮源和各种微量元素等营养物质。

在自然条件下，鸡枞菌的生长发育离不开白蚁和白蚁巢。鸡枞菌与白蚁共生的白蚁巢，是鸡枞菌与大白蚁亚科白蚁群昆虫构建的一个完美的共生生态系统。白蚁的作用一方面是传播鸡枞菌的担孢子，取食鸡枞菌的菌丝体，从而传播分生孢子和菌丝体；另一方面鸡枞菌菌丝体的生长发育需要白蚁的分泌物，离开了白蚁的分泌物，鸡枞菌就难以生存。两者互惠互利，共栖于同一生境，群体都得到持续生存和发展。此种生态环境造成了鸡枞菌对生长条件的特殊要求。

# 六、生 长 条 件

## 1. 温度

温度是鸡枞菌生长极为重要的环境条件。鸡枞菌在热带、亚热带的地下蚁巢内生长发育，鸡枞菌孢子萌发、菌丝生长、原基分化的温度范围为 12～24℃，而且有恒定的需温要求。蚁巢内的温度一般稳定在 19～25℃，最高不超过 28℃，最低为 15℃，最适温度为 10～20℃，低于 8℃或高于 30℃，菌丝生长基本停止甚至死亡。子实体形成和生长发育温度为 25～30℃，最适温度为 25～28℃，昼夜温差以 5℃左右最合适，低于 10℃或高于 35℃子实体停止生长和出菇。

## 2. 湿度

菌圃的含水量与土壤类型、气候条件、白蚁的活动密切相关。菌丝生长的培养料含水量为 65%～70%，低于 60%或高于 75%，菌丝生长明显受阻，空气相对湿度以 80%左右为宜。鸡枞菌子实体生长发育期需要充足水分，出菇期相对湿度应保持 90% 左右，如果湿度低于 80%，菇蕾不易形成。子实体生长阶段，空气相对湿度可降至 85%，有利于菇体的正常发育。开伞时期需相对湿度在 95% 以上，否则造成子实体菇柄中空、干瘪、菇盖破裂等不良现象产生，降低商品价值。

### 3. 空气

蚁巢内二氧化碳浓度高达 5%～10%，高出正常空气中二氧化碳数十倍，因此使鸡枞菌成为了食菌类中少数能耐高浓度二氧化碳的菌类之一。但充足的氧气有利于子实体生长，可长出菇盖肥厚、菇柄粗壮的子实体。人工栽培时，在原基形成和发育期间，需加强通风，每天 2～3 次，保证空气新鲜、氧气充足，以利多出菇出好菇。

### 4. 光照

长期的地下生活造成了鸡枞菌对黑暗条件的完全适应。在没有光线的地下菌圃中，不仅菌丝能正常生长，而且子实体也能顺利形成。相反，在光照下，不论是对孢子萌发、菌丝生长，还是对原基分化、菇蕾形成及子实体生长发育都不利。人工栽培时，菌丝生长阶段不需要光线，子实体发育阶段，需要较明显的散射光，缺少光照子实体发育困难，并造成菇柄长、菇盖大、废菇率高。

### 5. 酸碱度

菌丝生长的适宜 pH 值为 4.0～5.0，这样的 pH 值不利细菌和其他杂菌特别是炭角菌的生长，可保证鸡枞菌菌丝的优势地位。

# 七、菌 种 制 作

## (一) 母种制作

### 1. 培养基配方可选用以下两种

① 土豆 200 克，葡萄糖、琼脂各 20 克，蛋白胨 5 克，水 1000

毫升。

② 在配方①中加白蚂蚁巢浸出液 1000 毫升（取白蚁巢土 250 克，于 1000 毫升水中浸泡 48 小时或煮沸 5 分钟后滤取汁液）。

以上两种配方均可，但以配方②为最佳。

**2. 培养基的制作**

方法同常规。

**3. 接种培养**

按无菌操作要求，接入购买的母种或采用组织（菌褶）分离，将组织块贴附于试管斜面的培养基上，在 25～27℃条件下培养，30 天左右菌丝长满斜面，即为鸡枞菌母种。

## （二）原种和栽培种制作

**1. 培养基配方**

可选用以下两种：

① 木屑 78%、米糠 20%，白糖、石膏粉各 1%；

② 阔叶树落叶 40%，木屑 35%，米糠 20%，过磷酸钙、白糖、石膏粉各 1%，草木灰 2%。

以上配方中均加水 120%，pH 值自然。

**2. 培养基配制**

将培养基拌匀后装入瓶（袋），采用常压灭菌后备用。

**3. 接种、培养**

在无菌条件下按常规接种，置 25℃的温室培养，经 25～30 天，菌丝长满瓶（袋），即为原种和栽培种。

# 八、驯化栽培法

## （一）四川驯化栽培法

据四川省长宁楠竹研究所赖井平（1993）报道，鸡枞菌抗杂菌能力强，能在 6～9 月的高温季节出菇，生物效率较高，有很好的开发价值。现将有关驯化栽培技术介绍如下。

**1. 环境条件**

鸡枞菌的生长发育与多种环境因子有密切关系，主要有以下几个方面。

**(1) 生物因子**

① 森林植物。鸡枞菌以分解植物残体取得营养成分而生存。鸡枞菌的自然发生地主要是在针平阔林地上，特别是年久的老林区及年久失修的宅基地周围和乱坟堆中，这些地方具有大量腐烂的植物残体，为鸡枞菌的生存提供了充足的碳源、氮源和各种微量元素。

② 白蚁。在自然条件下，鸡枞菌的生长发育离不开白蚁。白蚁一方面传播鸡枞菌的担孢子，取食鸡枞菌的菌丝体；另一方面鸡枞菌丝体的生长发育需要白蚁的分泌物，离开了白蚁的分泌物鸡枞菌丝难以生存。

**(2) 非生物因子**

① 温度。温度是鸡枞菌生长极为重要的环境因子，它直接影响菌体的生长发育。鸡枞菌的孢子萌发、菌丝生长、原基分化的温度范围为 12～24℃，以 16～20℃最适，低于 8℃和高于 30℃几乎停止生长甚至死亡。根据试验表明：子实体的形成以日均温 25～30℃、日温差 5℃为最适宜，高达 35℃子实体仍能正常发育。

② 水分。水分是鸡枞菌生命活动的基础条件，包括培养料含水量和空气相对湿度两部分。

a. 培养料含水量。对比试验表明，菌丝生长以 60%～70%较适宜，尤以 65%为最佳，表现在菌丝生长速度快，而且粗壮、洁白；子实体形成时的含水量以 70%～75%为最适宜，从接种到出菇只需 50～55 天。子实体在生长发育过程中亦与培养料含水量有关，培养料含水量充足，子实体生长健壮、发育快；培养料含水量不足，子实体生长慢，细弱，甚至不能长大。

b. 空气相对湿度。在菌丝生长阶段，空气相对湿度以 80%

左右为宜；在子实体形成初期需较高的相对湿度，应保持在90%左右，低于80%菇蕾不易形成，子实体生长阶段则可降至85%，这样有利于菇体正常发育；开伞时，则需空气相对湿度在95%以上。

c. 酸碱度。培养基质的酸碱度直接影响着菌体分泌的酶的活性、营养物质的吸收、呼吸代谢等生理活动。试验表明，鸡枞菌要在较酸的环境中生长，在pH值4～5之间生长良好，其最适的pH值为4.5，表现在菌丝生长最快，浓密粗壮。

d. 空气。基质紧的菌丝浓密、洁白、料团致密；松的菌丝纤细、松散，气生菌丝多。用覆土20厘米、15厘米、10厘米、5厘米和不覆上做比较表明，均长出了子实体，但不覆土的仅似野生状态的假根，无菌伞，纤细；覆土的子实体较正常，在20厘米以下覆土越深菇体越大，但出菇时间随着土层的增厚而延长。因此可以认为鸡枞菌菇蕾的形成和子实体的发育对氧气的要求不很严格，而适量的二氧化碳反而有利于菌丝的生长和子实体的形成，但在子实体开伞时则需要充足的氧气。

e. 光照。鸡枞菌对光照的反应强烈，强光和直射光无论在孢子萌发、菌丝生长阶段，还是在原基分化、菇蕾形成、子实体生长发育阶段都是不利的。在有散射光的条件下亦能分化形成子实体，但多数是有柄无伞的畸形菇。在子实体开伞时则需要一定的散射光。

f. 杀菌剂。根据试验，鸡枞菌对常用的杀菌剂如多菌灵、托布津等反应不敏感，可以在培养料中适量添加以利灭菌消毒。

## 2. 驯化栽培方法

(1) 种菇来源 1989年8月在长宁县蜀南竹海林区的一乱坟堆中偶然发现三朵菇，采集后经初步鉴定为鸡枞菌。以后几天内又发现周围有同样的菇体长出，在沿菇脚假根向下挖至土层深120厘米处得一大菌圃（蚁巢），尚有白蚁活动，面积约50厘米$^2$。将蚁巢连同白蚁、菇体带回做分离材料，经分离培养，而获得了鸡枞菌母种。

**（2）菌种培养基配方**

① 母种培养基

a. PDA 培养基。去皮马铃薯 200 克，葡萄糖 20 克，琼脂 20克，水 1000 毫升。

b. 马铃薯综合培养基。马铃薯 200 克，葡萄糖 20 克，碳酸二氢钾 3 克，硫酸镁 1.5 克，琼脂 22 克，水 1000 毫升。

c. 马铃薯松针煮汁培养基。马铃薯 200 克，鲜松针 20 克，葡萄糖 20 克，蛋白胨 6 克，硫酸镁 1.5 克，碳酸二氢钾 2 克，琼脂20 克，水 100 毫升。

d. 马铃薯蚁巢煮汁培养基。马铃薯 200 克，蚁巢 20 克，葡萄糖 20 克，琼脂 20 克，水 1000 毫升。

e. 鸡枞菌分离培养基。葡萄糖 250 克，牛肉膏 100 克，碳酸二氢钾 2 克，硫酸镁 2 克，硫酸铁 2 克，氯化钠（食盐）25 克，丙氨酸 2 克，谷氨酸 2 克，琼脂 20 克，水 1000 毫升。

经试验 c、d、e 号培养基接种后于 18℃±1℃ 下培养 12～13天，菌丝生长满管，且菌丝细密，匍匐型，粗壮，洁白。

② 原种培养基

a. 阔叶树木屑 78%，麸皮 20%，蔗糖 1%，石膏 1%，料水比1∶1.2。

b. 木屑 48%，麸皮 25%，蚁巢土 25%，石膏 1%，糖 1%，水适量。

c. 木屑 48%，麸皮 25%，蚁巢 25%，石膏 1%，糖 1%，水适量。

按常规配制后分别接入 a、b、c 号母种培养基上培养 2 厘米$^2$，在 18℃±1℃ 恒温下培养，经 60～63 天培养，a 号菌丝生长不良，b、c 号培养基菌丝长满瓶，且菌丝浓密健壮。试验结果表明：鸡枞菌的生长离不开白蚁的分泌物。

**（3）菌种保存** 鸡枞菌菌种因其在低于 8℃ 的条件下停止生长甚至死亡，故不适合低温保存，多采用常温保存。具体方法如下。

按原种培养基②号配方，常规消毒后接入母种，待菌种向下吃料至 4～5 厘米时，可用牛皮纸包好棉塞，套上干净纸袋置阴暗处保存。此法可保存 5～8 个月。

**（4）驯化结果**　从采集到驯化成功，是分离后在斜面及原种瓶内完成的，原种满瓶由于未扩接，从瓶里长出一根同鸡枞菌假根一样的纤细褐色菌柄，长 32 厘米，具鸡枞菌香味，同采回室内菌圃上的原基长出的假根完全一致，无菌盖。但真正获得健全的鸡枞菌子实体，是 1990 年 3 月制作的栽培袋，5 月 20 日植入土中，7 月 11 日发现已长出一朵菌盖直径 12.3 厘米，菌柄长 15 厘米的子实体，与野生鸡枞菌完全一致。

## （二）广州驯化栽培法

据广州市农业科学研究所赵守光（1998）报道，鸡枞菌菌丝体在 PDA 培养基上生长良好，菌褶作为组织分离材料较适宜，白蚁巢能帮助鸡枞菌抵御不良环境，有利于菌丝体和子实体的生长。但在脱离白蚁巢的情况下，加强出菇管理也可获得较高产量。

**1. 试验菌株**

A1 为 1993 年引自福建省古田县的驯化鸡枞菌，通过提纯复壮获得健壮菌丝体。A2 为 1994 年 6 月于广州市农业科学研究所荔枝基上采摘的野生鸡枞菌（当地俗称荔枝菌）分离而得。

**2. 培养基配方**

① 母种培养基

a. 去皮鲜马铃薯 200 克，葡萄糖、琼脂各 20 克，水 1000 毫升。

b. 在 a 的基础上加白蚁巢浸出液 500 毫升（125 克白蚁巢土于 500 毫升水中浸泡 48 小时后取滤液）。

② 原种和栽培种制作。按表 3-1 中前 4 个配方称料混匀，调 pH 值 4.5～5.0，装入 750 毫升菌种瓶，投料量为 200 克/瓶，按常规制种。

表 3-1　培养料配方　　　　　　　　　单位：%

| 配方序号 | 木屑 | 棉籽壳 | 麦麸 | 石膏粉 | 生石灰 | 蔗糖 | 普钙 | 碳酸钙 | 硫酸钙 | 硫酸镁 | 尿素 | 多菌灵 | 蚁巢液 | 水 |
|---|---|---|---|---|---|---|---|---|---|---|---|---|---|---|
| 1 | 75 | | 21 | 1.7 | | 1 | 1 | | | | 0.28 | 0.02 | | 140 |
| 2 | 75 | | 21 | 1.7 | | 1 | 1 | | | | 0.28 | 0.02 | 70 | 70 |
| 3 | 30 | 45 | 22 | | | 0.5 | | 2 | | 0.5 | | | 140 | |
| 4 | 30 | 45 | 22 | | | 0.5 | 0.5 | | 0.5 | 0.5 | | | 70 | 70 |
| 5 | 16.5 | 40 | 40 | | 1.5 | 1.5 | | 0.5 | | | | | | 140 |

## 3. 袋料栽培试验

**（1）装料接种**　袋的规格为 15 厘米×55 厘米的低压聚乙烯袋。1994～1995 年试验按表 3-1 中配方 3、4 进行，接入相应配方的栽培种。1995 年 6 月从配方 3 中挑选健壮子实体，进行褶部组织分离作为下次试验用种。1995～1996 年试验按表 3-1 中配方 1、5 进行。

**（2）试验方法**

1994 年 6 月 21 日，取瓶栽获得子实体（A1）和野生子实体（A2），用 0.1%升汞消毒后用无菌水洗净，于柄、髓、褶三部位进行组织分离，接于母种培养基 a 和 b 上，置人工气候箱 21℃±0.5℃培养观察，各做 5 支试管。

① 薄膜棚内出菇试验。1994 年 10 月 24 日在料袋上打孔接种，暗光培养，至 1995 年 4 月底袋壁上有瘤点出现，表明达到生理成熟，于薄膜棚内挖坑埋棒，上覆 2～3 厘米厚的荔枝基壤土，棚顶遮两层黑纱，达到六阴四阳阴蔽度。观察记录环境温、湿度及收获产量。

② 大田出菇试验。1995 年 11 月 20 日接种，暗光培养至次年 4 月，子实体分化时做进一步适应大田环境出菇试验。

**（3）试验用地处理**　选通风、排水良好的壤土荔枝基，起宽60 厘米、长不限的畦，于畦上挖坑深 25 厘米左右，撒一薄层石灰于坑底浇透水驱虫灭菌。脱袋后放于坑底，间隙2～3厘米，用覆土材料压实，覆土厚8～10厘米，保持土壤湿润，畦上建拱棚遮黑纱。

覆土材料制备：取肥沃菜园土加草木灰4%、磷肥2%、石灰5%，浇水拌匀，喷敌敌畏1000倍液覆膜堆闷过夜，杀灭虫卵杂菌后使用。

**(4) 出菇管理** 观察首次现蕾时间，逐次收获时记录日期、产量、温度、湿度、生长状况等。在每潮菇大量菇蕾出现时，喷施0.1%硫酸二氢钾和葡萄糖混合液。每潮菇收完后，清理畦面菇脚、死菇，结合除草、松土、培土，撒一薄层石灰于试验区走道和周围防杂灭菌，薄施一次粪水。

**(5) 结果与分析**

① A1菌株的分离培养效果。从表3-2可知，A1菌株的柄、髓、褶三个部位均能在PDA培养基上正常生长，添加白蚁巢液能促进菌丝萌发生长，使菌丝提早1～2天满管，而在菌丝密度、颜色、分布、形状和抗逆性等方面无明显差异，说明该菌株对白蚁巢依赖性不强。在三个组织部位中，以菌褶分离培养的菌丝长得最好，菌丝浓密、洁白、呈羽毛状，生长旺盛；柄部次之，髓部再次之。1975年广本一由报道，用子实层（即菌褶）作分离材料成功率最高，这是因为幼嫩菌褶常有菌幕保护，避免了外界带来的污染等干扰。所以鸡枞菌的组织分离以菌褶为材料最佳。

② A2菌株的分离培养效果。A2菌株分离培养结果见表3-2。各个部位均不能在PDA培养基上正常生长，分离于B1上的各组织部位均或多或少地较快发生了污染，而分离于B2上的各组织部位则表现出较强的抗逆能力，比前者延迟4～6天后才发生污染。1995年6～7月我们又重复该项试验，结果与前次相同。上述结果说明，白蚁巢能帮助鸡枞菌抵御不良环境，提高抗逆性（表3-2）。

表 3-2 鸡枞菌驯化试验结果

| 菌株 | 培养基 | 分离部位 | 分离时间 | 萌发时间 | 菌丝生长情况 | 污染或拮抗 | 满管时间 |
|---|---|---|---|---|---|---|---|
| A1 | B1 | 柄 | 1994 年 6 月 21 日 | 6 月 24 日 2 支 6 月 25 日 3 支 | 菌丝密、厚、洁白、长势一般 | 无 | 7 月 12 日 |
| | | 髓 | 1994 年 6 月 21 日 | 6 月 25 日 5 支 | 菌丝欠密、偏弱、长势欠佳 | 无 | 7 月 12 日 |
| | | 褶 | 1994 年 6 月 21 日 | 6 月 24 日 3 支 6 月 25 日 2 支 | 菌丝浓密、厚实、洁白、壮旺、羽毛状、长势最好 | 无 | 7 月 12 日 |
| | B2 | 柄 | 1994 年 6 月 21 日 | 6 月 24 日 5 支 | 菌丝密厚、洁白、长势一般 | 无 | 7 月 11 日 |
| | | 髓 | 1994 年 6 月 21 日 | 6 月 23 日 1 支 6 月 24 日 4 支 | 菌丝稍稀、偏弱、长势欠佳 | 无 | 7 月 11 日 |
| | | 褶 | 1994 年 6 月 21 日 | 6 月 24 日 5 支 | 菌丝浓密、厚实、洁白、羽毛状、长势最好 | 无 | 7 月 10 日 |
| A2 | B1 | 柄 | 1994 年 6 月 21 日 | 6 月 23 日 1 支污染，4 支未萌发 | 无菌丝 | 未萌发的 6 月 25 日污染 | |
| | | 髓 | 1994 年 6 月 21 日 | 6 月 23 日 2 支污染，3 支未萌发 | 无菌丝 | 未萌发的 6 月 25 日污染 | |
| | | 褶 | 1994 年 6 月 21 日 | 6 月 23 日 2 支污染，3 支未萌发 | 无菌丝 | 未萌发的 6 月 26 日污染 | |
| | B2 | 柄 | 1994 年 6 月 21 日 | 未萌发 | 无菌丝 | 未萌发的 6 月 29 日污染 | |
| | | 髓 | 1994 年 6 月 21 日 | 未萌发 | 无菌丝 | 6 月 29 日污染 | |
| | | 褶 | 1994 年 6 月 21 日 | 未萌发 | 无菌丝 | 6 月 29 日污染 | |

## (6) 袋栽试验结果

① 薄膜棚内出菇试验情况。薄膜棚内鸡枞菌出菇情况见表 3-3。由表 3-3 可知，鸡枞菌能在较宽的温湿度范围出菇，出菇期

长达 4 个月左右，生物效率较高，达 66%～68%。其中配方 4 比配方 3 提早约 10 天出菇，生物效率配方 4 也稍高于配方 3。配方 4 前期出菇快而多，后期产量下降，呈越降越快之势。配方 3 虽然出菇延迟，但产量稳定且持久。所以白蚁巢浸出液有促进鸡枞菌早生快发的作用，使出菇提早明显。但不管有无白蚁巢浸出液，鸡枞菌都能将原料转化为几乎等量的子实体，故两者的生物效率差异不明显。

上述结果表明，白蚁巢浸出液只对鸡枞菌的出菇期及其过程有影响，而对鸡枞菌的生物效率几乎没影响。

表 3-3　薄膜棚内鸡枞菌出菇情况

| 配方序号 | 棒数 | 总棒料/千克 | 产菇期 | 总产量/千克 | 生物效率/% | 出菇情况 | 温度范围/℃ | 湿度范围/% |
|---|---|---|---|---|---|---|---|---|
| 3 | 107 | 80.25 | 1995 年 5 月 2 日～9 月 5 日 | 53.24 | 66.3 | 整个出菇期产量稳定且持久 | 22～34 | 75～95 |
| 4 | 127 | 95.25 | 1995 年 4 月 23 日～9 月 1 日 | 64.79 | 68.0 | 前期出菇快后期明显减少 | | |

② 大田出菇试验情况。鸡枞菌适应大田环境出菇结果见表 3-4。从表 3-4 可知，在加强出菇管理的情况下，鸡枞菌也能在大田环境顺利出菇，且适应碳氮比的范围较宽。但在菌丝满棒、子实体分化、现蕾等几个关键时期，碳氮比偏高的配方 1 比碳氮比偏低的配方 5 明显提早，生物效率也显著提高。配方 1 所用原料价廉易得，成本低，效益高。而配方 5 所用原料较昂贵，且出菇慢、产量低，故效益差。据报道，在白蚁巢的结构成分中，通常具有较高的碳氮比。1993～1994 年我们在室内瓶栽试验中也发现，本试验鸡枞菌在碳氮比偏高的培养料中生长较好。上述结果表明，大田栽培鸡枞菌，用碳氮比偏高的培养料，能早出菇、多出菇，成本低、效益高。

**表 3-4 大田环境鸡枞菌出菇情况**

| 配方序号 | 碳氮比 | 棒数 | 总棒料/千克 | 满棒所需时间/天 | 子实体分化时间 | 现蕾时间 | 总产量/千克 | 生物效率/% |
|---|---|---|---|---|---|---|---|---|
| 1 | 偏高 | 38 | 28.50 | 51 | 1996年4月15日 | 1996年5月1日 | 21.74 | 76.28 |
| 5 | 偏低 | 25 | 18.75 | 67 | 1996年4月20日 | 1996年5月13日 | 9.91 | 52.85 |

### 4. 小结与讨论

① 白蚁巢能促进菌丝生长,对鸡枞菌出菇和产量有利。前人研究认为,鸡枞菌需与白蚁巢共生,但至少本试验菌株就不必与白蚁巢共生,因为在无白蚁巢的情况下,菌丝也能正常生长,顺利出菇。因此笔者倾向于并非所有的鸡枞菌都与白蚁巢共生的观点,与白蚁巢非共生的鸡枞菌易于驯化栽培成功。

② 通过添加白蚁巢,控制培养料碳氮比,加强出菇管理等手段,可使鸡枞菌出菇提早,产量提高。

③ 本试验品种单一,至于其他品种的栽培情况如何,还有待进一步研究。

# 九、常规栽培技术

### 1. 栽培季节

应根据鸡枞菌生长对温度的要求和当地气候规律而定,一般可安排 2~3 月春播和 8~9 月秋播两季进行。

### 2. 场地选择与要求

鸡枞菌与其他多数菇类一样,可进行室内床架式栽培和室外空闲大田及林果园中阳畦栽培。

室内栽培时菇房应具有通气、控温等条件,菇房四壁、床架要清洁卫生,投料播种前要灭菌消毒。

室外栽培可选用排灌方便、土质肥沃、疏松的空闲大田或林果园中空行地作栽培场地,播种前,先要翻整土地,做成25厘米高、1.2米宽、龟背形的畦床,并用多菌灵溶液或石灰粉对床面进行灭菌消毒。

**3. 栽培料配方**

鸡枞菌的栽培原料可选用以下两种配方:

① 木屑、树叶、松枝条70%,麸皮(或米糠)25%,石膏粉2%,白糖1.5%,石灰粉1.5%;另加白蚁巢土3%,水110%~120%;

② 棉籽壳、甘蔗渣、玉米秆、木屑(任选一种)90%、米糠(或麦麸)10%,水120%。

配料方法按常规进行。

**4. 装袋、灭菌、接种**

任选上述配方一种,拌匀后装入17厘米×45厘米大小的聚丙烯塑料袋中,按常规灭菌、接种,于23~25℃的培养室内发菌,经45~50天培养,菌丝即可长满菌袋。

**5. 发菌期的管理**

主要是调控好温度。春季培养时,自然温度低,菌袋可码放3~5层,3~5天内翻堆一次,以利发菌均匀一致。秋季培养时,因自然气温较高,一般只码2~3层,播种5~7天内,要经常检查料温,如料温超过35℃时,要加强通风降温,并将堆码的菌袋散开单放,以防高温烧菌。经45~50天的培养,菌丝即可长满菌袋。

**6. 脱袋出菇**

当菌袋壁出现米粒大小的钉状原基时,移至菇房或阳畦脱袋出菇。室内栽培时,接种后的菌袋便可摆放在床架上培养和脱袋出菇。

阳畦栽培时,将培养好的菌袋运至栽培场地,脱袋后卧放于畦床上,菌棒间距2厘米,畦底最好铺3厘米左右厚的粗砂,以利通气和排水。菌袋放好后,上盖一薄层湿稻草(春季栽培时,要加盖薄膜），以利保温保湿，促进发菌。

室外栽培也可采用浅坑式沟床栽培方法，即在已整理的畦床上挖 10 厘米深、50 厘米宽的浅沟，将菌棒卧放排列于沟中，菌棒间距 2 厘米，上盖一薄层湿稻草，其上再覆一层 2 厘米厚的细土（细土可利用菜园土，也可由沙壤土、腐殖土和炭渣等混合配制），使其沟与地面基本齐平。覆土含水量要保持 75％左右，以利菌丝爬土和扭结出菇。

**7. 出菇期间的管理**

① 室内床架栽培时，出菇期间，一要加强通风换气，每天开窗通风 2～3 次，每次 30 分钟左右，以保持菇房空气新鲜和有充足的氧气供应。二是喷水保湿，天气干燥时，每天喷水 2～3 次，菇蕾期不要直接喷在菇体上，以向菇房空间和四壁喷水为宜。保持菇房空气湿度达 85％～90％。

② 室外大田阳畦栽培时，要搭遮阳棚，以防阳光直射和雨淋。遮阳棚可用竹竿或较直的树枝与稻草等扎成宽 1.5～2 米、高 50～80 厘米的棚块，然后两块相对排放于畦面上即可（图 3-2）。

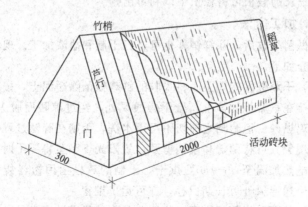

图 3-2　遮阳棚（单位：厘米）

室外空气流通好，但要注意保湿，出菇期间，可利用畦床四周的排水沟进行灌沟以提高空气湿度，也可喷水保湿，保持相对湿度

90％～95％，以利正常出菇。实践证明，子实体形成初期，如相对湿度低于80％，则菇蕾难以形成；子实体生长阶段，相对湿度下降至85％，有利于菇体正常发育，开伞时则需空气相对湿度在95％以上。

### 8. 病虫防治

夏秋栽培的鸡枞菌，因气温较高，易发生病虫危害，尤以虫害为甚。重要害虫是蛞蝓，该虫对鸡枞菌的菌盖、菌根、菌褶均喜咬食，不仅影响子实体的生长发育，严重时还会导致菇体死亡。

防治方法是：少量发生时，可用镊子一只只捡起，然后集中杀灭。危害严重时，可在栽培场地四周及畦沟喷洒百虫灵或杀虫粉进行杀灭。

### 9. 采收

当鸡枞菌的菌盖长到4厘米左右、柄长2～3厘米刚要伸直尚未开裂时，即可采收。采收前一天停止喷水，以防鲜销贮存时霉烂。采摘时手握菌柄基部，用小刀齐膨大的柄下沿削断，向上拔起即可。细长的假根可留在土中以利再出菇。

### 10. 加工方法

鸡枞菌采收后，除鲜销外也可进行干制和盐渍加工。现将有关方法简介如下。

**(1) 干鸡枞菌的加工**　将采收的鲜鸡枞菌除净泥土，按个体大小分别摊在草席等物体上，置干燥通风处，经过晾晒而脱去水分，即成干鸡枞菌。但晾晒之前切不可用水洗，否则在晾晒过程中会发生腐败现象。可将菌盖和菌柄剪开，置阳光下晒至将要干时，再用木炭或电热加温至55～60℃烘干。干制的鸡枞菌用塑料袋密封包装，置干燥通风处可长期保存，亦可运出销售。

**(2) 盐渍鸡枞菌的加工**　将采收的鲜鸡枞菌洗净沥干，放入加热溶解又冷却的盐水中浸泡20分钟，捞起后按每100千克鲜菇加24千克食盐的比例装缸腌制，缸底先铺一层盐，然后装一层菇撒一层盐，装满后灌入冷盐水至缸面，再按100千克菇加100克柠檬酸浸泡 7 天后翻缸 1 次，以后每隔 3～5 天再翻缸 1 次。经 15 天左右腌制，即可起缸装桶待销。

# 十、仿野生栽培法

## 1. 栽培季节

根据鸡枞菌的生物学特性及栽培试验结果表明：最佳的制袋季节为当地气温在 12～14℃时，提前三个月生产母种和原种。在蜀南竹海地区 3～4 月份气温在 12～18℃左右，是鸡枞菌菌丝生长的最适温度范围，此时接种不需加温，成功率高，待 40～50 天满袋气温回升，可植入土中，很快就能长出第一批菇，并可延续采收到当年秋季的 9～10 月份。在此期间白蚁活动旺盛，但无害处，它在取食菌丝的同时，又分泌一些有利于菌丝生长的物质，促使菌丝的旺盛生长以获得高产。

## 2. 栽培袋的制作

### (1) 培养料配方

① 阔叶木屑 78％，麸皮 20％，蔗糖 1％，石膏 1％，蚁巢浸出液与料比 1.2：1。

② 阔叶木屑 47％，麸皮 25％，蚁巢土 25％，蔗糖 1.5％，石膏 1.5％，自来水适量。

### (2) 拌料装袋
按上述配方常规拌料，并闷 2～4 小时，装入 17 厘米×35 厘米×0.05 厘米的聚丙烯或 15 厘米×35 厘米×0.02 厘米的聚乙烯袋内，可用套圈加棉塞或打洞贴胶布等方式封口。

### (3) 灭菌、接种、培养
装好袋后置消毒锅内灭菌，高压下保持 2 小时（适用于聚丙烯袋），常压下当温度达 98～100℃时保持 8～10 小时。出锅后置洁净的接种室内冷却，待料温下降到 25℃时按无菌操作要求接种，接种量宜稍多些，一般每瓶原种可接 20～30 个料袋，这样发菌快，污染率低。接好种的菌袋置洁净、黑暗的培养室内培养，培养室温度控制在 16～20℃，经过 40～50 天的培养，菌丝即可满袋；继续培养，袋壁上会出现许多珊瑚状瘤点，说明菌丝已达到生理成熟，4～6月份即可进行埋袋栽培。

**3. 栽培管理**

**（1）场地选择**　栽培宜选择南北朝向、地势平整、土壤肥沃、酸性的菜园地、房前屋后或庭院作场地，先整理成80～100厘米宽的畦，长度视场地而定，扒出表土做成15厘米的凹畦，畦底因鸡枞菌喜酸性环境，故不宜撒石灰粉消毒，可撒适量的多菌灵或托布津。在畦四周挖好排水沟。

**（2）出菇方法**　先将发好菌的袋子脱去薄膜，然后整齐地排放在畦内，覆20厘米厚经太阳暴晒过的菜园土或林地土，土壤以肥沃但不板结为佳，使畦地高出地面15厘米呈凸畦。最后盖上废报纸或竹叶、松针等，以利保湿避光。

**（3）管理要求**　播种后的管理工作重点是保湿、控温、防治病虫害。由于鸡枞菌出菇季节气温较高，空气相对湿度较低，因此要注意降温保湿，这是获得高产的关键。同时在出菇季节应向场地四周喷水，拉大昼夜间的温差，以提高菇体质量。

**4. 病虫害防治**

同常规栽培技术

播种后很快就会招来白蚁危害菌丝体，因白蚁同时又分泌一些有利于菌丝体增生的分泌物，对鸡枞菌的出菇影响不大，可不必防治。一般经过4～6个月的管理，其生物效率在50%～80%之间，管理得当，在次年还能再出一部分菇。

**5. 采收与加工**

同常规栽培技术

# 十一、菌丝体深层培养法

鸡枞菌通过液体深层培养菌丝体，作为提供研制营养食品及饮料的原料，其蛋白质含量高于其他菇类，尤其是赖氨酸和亮氨酸含量很高，所以近年来鸡枞菌的液体深层培养菌丝体生产引起重视。

具体方法如下。

## 1. 培养基配方

适用的液体培养基配方如下。

① 蛋白胨 2%，蔗糖 2%，硫酸镁 1.5%，磷酸二氢钾 0.3%，维生素 $B_1$ 1 毫克/100 毫升，pH 值调至 6。

② 酵母膏 0.1%，蔗糖 3%，硫酸镁 0.05%，磷酸二氢钾 0.1%，硝酸钠 0.3%，氯化钾 0.05%，pH 值调至 6。

上述两种配方系华西医科大学生物系赴呈裕等 1998 年提供。

③ 酵母膏 0.1%，蔗糖 3%，磷酸二氢钾 0.1%，硫酸镁 0.5%，硝酸钠 0.3%，氯化钾 0.05%，pH 值 6 左右（中国医科大学洪震，1992）。

## 2. 深层培养工艺

斜面母种→一级摇瓶种子（250 毫升三角瓶，装液体 50 毫升，25～28℃，120 转/分钟，2～3 天）→二级摇瓶种子（500 毫升三角瓶，接种量 5%～10%）→发酵瓶（26℃，110 转/分钟，36 小时）菌丝体收率可达湿重 10 克/升（图 3-3）。

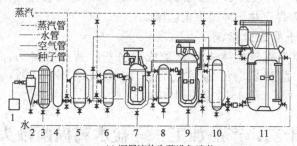

(a)深层液体发酵设备示意

1—空气压缩机；2—油水分离器；3—空气冷却器；4—贮气罐；

5—总空气过滤器；6，8，10—分空气过滤器；

7，9—种子罐；11—发酵罐

（引自张雪岳及《微生物酶制剂》）

图 3-3

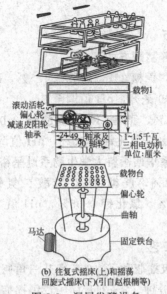

(b) 往复式摇床(上)和摇荡
回旋式摇床(下)(引自赵根楠等)

图 3-3　深层发酵设备

### 3. 分离浓缩烘干

液体发酵培养菌丝成熟放罐后，通过板框压滤机或离心机分离出菌丝体，再放入真空浓缩锅减压，以 60～80℃温度浓缩，然后在 80℃条件下烘干即得干菌丝体。

### 4. 干品成分检测

将烘干的菌丝体进行化学成分分析，营养含量为：蛋白质 49.2%，脂肪 8.5%，碳水化合物 10.8%，灰分 3.9%，钙 36.8 毫克/100 克，磷 15.0 毫克/100 克。

# 十二、产品加工——盐水鸡枞菌罐头

### 1. 工艺流程

原料选择→清洗、护色→预煮、冷却→分级、拣选→装罐、配汤→排气、密封→杀菌、冷却→贮存、检验→成品

### 2. 操作要点

(1) 原料选择　要求鸡枞菌完整新鲜，质地致密，无病虫害，

无机械损伤，无杂质。

**（2）清洗、护色**　将选好的鸡枞菌放入 0.04％亚硫酸钠水溶液中清洗、护色，或用 3％～4％的食盐水清洗、护色。

**（3）预煮、冷却**　用 0.1％柠檬酸加 1％食盐水溶液在不锈钢锅中煮沸 2～3 分钟，菌液之比为 1∶（1.5～2），预煮后及时捞入冷水中冷却至室温，沥干水分备用。

**（4）分级、拣选**　根据不同等级大小进行分级，分出整菇和片菇两种，并除去过薄、过小的菌片，以利装罐。

**（5）装罐、配汤**　先配好汤汁，汤汁为 4％食盐水加 0.02％维生素 C，过滤备用。将分级后的菌体按不同大小装入罐中，每罐大小基本一致，然后注入汤汁，使其留有 5～8 毫米的顶隙即可。

**（6）排气、密封**　装罐后采用热力排气，使罐头内中心温度达75～80℃，然后迅速封口，并及时进行杀菌处理。

**（7）杀菌、冷却**　杀菌公式[1]为 10min—30min—10min/121℃；反压冷却至 38℃以下。

**（8）贮存、检验**　将杀菌后的罐头用纱布擦净罐身，置 30～35℃下培养 5～7 天，然后抽样进行细菌检验，合格者即为成品，贴标入库贮存备用或外销。

**3. 质量要求**

菇体完整，均匀一致，色泽正常。汤汁清澈，具有鸡枞菌特有的风味，无异味。符合罐头食品卫生标准。

---

[1]　杀菌公式为：升温时间—恒定灭菌时间—降温时间，121℃为规定的杀菌温度。全书余同。

# 第四章
# 几种珍稀菇菌

# 一、牛 肝 菌

## (一) 简介

牛肝菌又名美味牛肝菌、大脚菇（四川）、白牛肝菌（云南）、粗腿蘑（东北）、黄荞巴、大脚杏菇（福建）。属提子菌纲、伞菌目、牛肝菌科、牛肝菌属。主要品种有黄牛肝菌、铜色牛肝菌、褐绒盖牛肝菌、黄皮牛肝菌、琥珀牛肝菌等。

牛肝菌体态大，菌柄粗壮，肉质肥厚，味道鲜美，是世界较为著名的食用菌之一，深受美食家的赞赏和偏爱。牛肝菌属于外生菌根菌，是一种分布广泛的世界性著名野生菌，主要分布于俄罗斯、罗马尼亚、南斯拉夫、意大利、法国、瑞士、德国、土耳其、中国、日本、朝鲜等国。在我国主要分布于云南、四川、贵州、西藏、甘肃、陕西、湖南、湖北、河南、河北、辽宁、吉林、黑龙江、广西、广东、福建以及台湾等省（自治区）。

我国美味牛肝菌的资源十分丰富，据张光亚（2000）报道，云南省的80多个县、市均有美味牛肝菌资源。目前，湖南、福建、云南、吉林等科研部门正积极投入美味牛肝菌的菌根合成研究。

美味牛肝菌是珍稀山珍，近年来风行世界的法国大菜中，就有美味牛肝菌一族。德国人对牛肝菌情有独钟，野生牛肝菌市场价60马克／千克以上，由于本国货源不足，便由俄罗斯和东欧进口，价格比当地高出60％～70％。意大利每年需要美味牛肝菌干品3000吨，盐渍品1500吨，多数从外国进口。国际上需求量日益增大。

我国牛肝菌主要出口印度、日本、比利时、德国、法国、丹麦、瑞士、意大利、荷兰、波兰、加拿大、美国等国及销往我国香港特区。2009年出口世界贸易市场干牛肝菌1083吨，创汇额2823万美元。

国内市场上清水美味牛肝菌，每千克售价26～28元，干品每千克120～160元，全国大中城市酒楼餐馆，将美味牛肝菌列入名贵菜谱之一。发展前景十分看好，值得积极发展生产。

## (二) 营养成分

牛肝菌营养丰富，中国医学科学院卫生研究所（1993）食物成分表中，来自四川的5种牛肝菌营养成分见表4-1。

**表4-1　5种牛肝菌的营养成分**（100克可食部分）

| 品　名 | 蛋白质/克 | 脂肪/克 | 碳水化合物/克 | 热量/焦耳 | 灰分/克 | 钙/毫克 | 磷/毫克 | 铁/毫克 | B族维生素/毫克 |
|---|---|---|---|---|---|---|---|---|---|
| 黄牛肝菌 | 20.2 | — | 64.2 | 1415.1 | 4.0 | — | 500 | 50.0 | 3.68 |
| 铜色牛肝菌 | 20.7 | — | 49.9 | 1222.5 | 6.2 | 23 | 520 | — | 4.22 |
| 褐绒盖牛肝菌 | 18.3 | — | 54.7 | 1222.5 | 5.9 | 11 | 300 | — | 3.09 |
| 黄皮牛肝菌 | 24 | — | 48.3 | 1172.3 | 5.3 | 37 | 400 | 31.0 | 4.77 |
| 琥牛肝菌 | 16.2 | — | 61.2 | 1297.7 | 6.8 | 23 | 500 | | 3.76 |

## (三) 药用功能

牛肝菌具有降脂减肥、开胃助食、平肝畅肠、清除肠道垃圾、抑制病毒及防癌等功能。长期食用对降低血清胆固醇和血脂指数，对人体健康十分有益。

## (四) 形态特征

由于品种不同，牛肝菌的形态有很大差别，这里介绍几种常见牛肝菌及其形态特征。

### 1. 美味牛肝菌

又名大脚菇。子实体盖宽4～15厘米，半球形凸镜形至平展形，表面光滑，无绒毛，湿时稍黏；边缘幼时内卷，后伸展整齐；颜色黄褐色、肉桂色、褐带红色至茶褐色，伤处不变色，味道微甜，稍有香味。菌管直生至柄周凹陷处，苍白色至浅黄色，老时可成青黄色；管长 0～10 厘米，管口小，圆形，白色至浅黄色，老时可成青黄色。菌柄中生，长 5～12 厘米，近柄顶粗 2～3 厘米，近圆柱形；基部膨大，粗壮，肉质，实心，内部白色。孢子长椭圆形至麦粒形，光滑，浅黄色至淡黄绿色，非淀粉质至弱糊精质（图4-1）。

### 2. 铜色牛肝菌

又名牛肚菌。子实体中等至较大，菌盖半球至扁球形，直径 3～12 厘米，颜色灰褐色至深栗褐色或煤烟色，具有微细绒毛或光滑、不黏。菌肉白色，较厚，受伤处有时带红色、浅黄色。菌柄圆柱形，有时中或下部膨大，长 4～9 厘米，粗 1.5～5 厘米，近似菌盖色或上部色浅，表面有深褐色粗糙网纹，内实心。孢子光滑，长椭圆形或近棱形（图 4-2）。

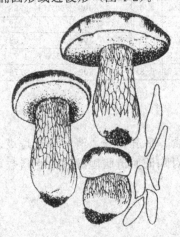

图 4-1　美味牛肝菌

图 4-2　铜色牛肝菌

### 3. 黏盖牛肝菌

菌盖半球形，后平展，直径 3～10 厘米，边缘薄，初内卷，后波状，土黄色或淡黄褐色，干后呈肉桂色，表面光滑，湿时很黏，菌肉浅黄色。柄长 2.5～7 厘米，粗 0.5～1.2 厘米，近圆柱形，有时基部稍细，光滑，无腺点，上部比盖色浅，下部呈黄褐色。孢子印黄褐色。

### 4. 紫褐牛肝菌

又名紫牛肝菌。子实体中等或较大。菌盖半球形，后渐展，直径 4～15 厘米，紫色、蓝紫色或淡紫褐色，光滑或被短绒毛，有时凸起。菌肉白色，伤处不变色。柄长 4.5～8 厘米，粗 1～3.5 厘米，上下略等或基部膨大，初期白色，后变浅黄色。孢子带浅褐色（图 4-3）。

图 4-3　紫褐色牛肝菌

### 5. 褐庞柄牛肝菌

菌盖内质，直径 5～9 厘米，半球形，后扁平；盖面湿时稍黏，很快变干，无毛或短绒毛，有皱纹，有时龟裂，灰褐色等。菌肉致密，白色或浅褐色以至带红色。伤处变粉黄色或不变色。菌柄长 6～8 厘米，粗 1～2.5 厘米，圆柱形，基部球茎膨大，白色或灰白色，干粗糙。孢子平滑，黄色，近梭形。

## （五）生态习性

### 1. 发生季节

子实体发生的季节，一般在 6～10 月份，温暖地区发生的早一些，温凉、高寒地区发生的迟一些。在福建福安大多发生在 6～7 月间，又以 6 月中旬至 7 月上旬为发生的高峰期，这期间历年的平均气温达 25℃ 以上，降雨量 400 毫米左右，林间空气相对湿度 80% 以上。在四川剑门多发生在夏末秋初，空气相对湿度在

80%～90%，这期间出菇率最高，生长也快，一昼夜菌蕾即形成，从菇蕾至子实体成熟，一般只需 48 小时，最长不超过 60 小时。

### 2. 寄生菌根

牛肝菌多发生在以栎类为主的针栎混交林地上，或以针叶林为主的地上，子实体多为散生，少数为群生。常与多种栎树（麻栎、栓皮栎、青冈栎等）、松树（云南松、高山松、落叶松）及云杉、冷杉等树木的营养根，形成外生菌根，是一种非专一性的外生菌根菌。

### 3. 生态环境

牛肝菌发生地的遮阴度大多为七阴三阳或半阴半阳的林地。植被茂密、阴蔽度大或植被稀少、日照过长的，则子实体发生少。发生地的海拔高度一般在 500～2200 米，尤以山脚、山腰、山顶的缓坡地、阴坡地发生多。土壤腐殖质层厚 3～8 厘米的林地中发生最多，腐殖质层过厚或陡坡地，则少有发生。

### 4. 植被类型

在云南康照乡，牛肝菌多发生在针阔混交林中，其植被上层为20～30 年生的云南松，树高 8～12 米；中层为麻栎、黄背栎，树高 1～2 米；下层有短刺栎、云南松幼树和酸杨梅，地面杂草稀少，盖有少量松针。在湖北神农架牛肝菌发生地的植被：上层为栓皮栎纯林，树龄 40～100 年生，树高 4～12 米，无下层林；草本层较稀疏，主要由禾本科、豆科和茜草科植物组成；地被层为苔藓植物，地被覆盖率 20%～45%。

### 5. 土壤条件

牛肝菌在云南发生地的土壤为较瘠薄的酸性红壤或红沙壤；在湖北神农架发生地的土壤为山地黄褐土，偏酸性，属沙壤土，通透性好，表层由风化后的碎石粒构成；在福建福安发生地的土壤，以有机质丰富的黄棕壤或酸性的红壤、红沙壤发生量较多，生长也较好。

# （六）生长条件

## 1. 营养

野生牛肝菌与栎树、松树营共生生活。在试验条件下，菌丝体生长所需的碳源物质，以葡聚糖、淀粉、果胶效果最好。氮源物质以天冬酰胺、谷氨酰胺最好；天冬氨酸、谷氨酸、丙氨酸、甘氨酸、丝氨酸次之；不能利用苯丙氨酸、蛋氨酸、脯氨酸和色氨酸。子实体的形成以果胶和乙醇为最佳碳源，以丝氨酸为最有效的氮源。硫酸镁和磷酸钾是可利用的矿质元素的来源。

## 2. 温度

菌丝体生长阶段的温度为 18～30℃，适温 24～28℃。子实体形成温度 16～24℃，昼夜温差大，有利于子实体形成。土层的温度高于 28℃时对子实体发育不利；低于 12℃则不易形成子实体。

## 3. 湿度

菌丝体生长阶段，土壤湿度以 60% 左右为宜，降雨集中或时间过长，土壤含水量过大，则不利于菌丝体的生长，时干时湿对菌丝体生长最为有利。子实体生长阶段，要求有较多的降水量和较大的湿度，空气相对湿度以 80%～90% 较好，时雨时晴或白天晴、夜间雨最有利于子实体的形成。各产地子实体发生盛期，大多是一年降雨量较集中的 6～8 月份。

## 4. 光照

菌丝体生长阶段不需要光照。原基分化和子实体发育，需要一定散射光的刺激，但在阳光直射处很少见到子实体，所以牛肝菌一般多发生在阴蔽度 70% 的林地内。

## 5. 酸碱度

子实体生长较好的土壤 pH 值 5.6～6.5。菌丝生长 pH 值 4.8～6.5，以 pH 值 5.6～6 为最适宜。

## （七）菌种制作

### 1. 母种制作

**（1）培养基配方**　母种培养基配方有以下几种。

① 鲜松针 100 克（水煮过滤）、麦芽汁 100 毫升，另加磷酸二氢钾 0.2%、硫酸镁 0.15%、葡萄糖 2%、维生素 $B_1$ 10 毫克、琼脂 2%，水 900 毫升，pH 值 5～5.5（张林，1992）。

② 蛋白胨 2 克，磷酸氢二钾 1 克，硫酸镁 0.5 克，葡萄糖 20 克，琼脂 20 克，水 1000 毫升，pH 值 6（李崇安，1994）。

③ 马铃薯 200 克，葡萄糖 20 克，蛋白胨 1 克，磷酸二氢钾 1.5 克，硫酸镁 1 克，维生素 $B_1$ 10 毫克，琼脂 20 克，水 1000 毫升，pH 值 6（王文耀等，2008）。

以上任选一方，按常规配制斜面培养备用。

**（2）母种分离方法**　牛肝菌纯种分离常采用组织分离法，选择野生未成熟的子实体为分离材料，采后 1～2 小时进行分离。分离时，从子实体取一小块组织，接在培养基上，在 24℃条件下培养。

**（3）接种培养**　接种后，在 20～25℃恒温下培养 7 天后，菌丝逐渐变得浓密，呈白色，绒毛状，15 天长满试管斜面提纯培育可得母种。

### 2. 原种和栽培种制作

牛肝菌原种和栽培种适用天然有机物的培养基。其配方为阔叶树木屑 78%、麦麸 20%、蔗糖 1%、石膏粉 1%，另加维生素 $B_1$ 0.01%，料水比 1∶1.2，pH 值调至 6。

培养基配制与其他菌类相比，要求较为严格，操作过程中应注意以下几点。

**（1）选择场地**　以水泥地和木板坪为好。泥土地因含有土沙，加水后泥土会混入料中，不宜采用。选好场地后进行清洗，并清理四周环境，防止污染。

**（2）过筛除杂**　先把木屑、麦麸等主要原料、辅料，分别用 2～3 目的竹筛或铁丝网过筛，剔除小木片、小枝条及其他有棱角的硬物，以防装料时刺破塑料袋。

**(3) 区别混合** 先将木屑、麦麸、石膏粉搅拌均匀，棉籽壳提前 12 小时加水预湿；然后把可溶性的添加物，如蔗糖等溶于水，再加入料中混合。

**(4) 加水搅拌** 采用自动化搅拌机时，将料混合入拌料搅拌机，反复运行，使料均匀。手工搅拌采取集堆、开堆方式，反复搅拌 3～4 次，使水分被原料均匀吸收。如果选用棉籽壳配方时，应提前一天将棉籽壳加水，使水分渗透籽壳中。然后过筛打散结团，过筛时应边洒水边整堆，防止水分蒸发。

**(5) 避免酸变** 常因拌料时间延长，培养料发生酸变，接种后菌袋成品率不高。因此，当干物质加水后，从搅拌至装袋开始，其时间以不超过 2 小时为妥。这就要求分秒必争，当天拌料，及时装袋灭菌，避免基质酸变。

**(6) 控制污染** 培养料灭菌后，冷却至常温，按无菌操作接入母种或原种，按常规培养，菌丝长满瓶（袋），即为原种或栽培种。

## （八）驯化栽培方法

### 1. 培养料配方

李崇安（1994）报道，牛肝菌在半腐叶 39%、杂木屑 39%、米糠 20%、糖 1%、石膏 1%、pH 值 5.5～6，或半腐叶 39%、玉米粉 39%、米糠 20%、白糖 1%、石膏 1%、pH 值 5.5～6 的培养基质上，菌丝生长较好，浓密粗壮，袋壁上有大量黄褐色成片菌核出现。国外学者的试验研究显示，要使牛肝菌菌丝体形成子实体，必须添加特殊的诱导物——环腺苷酸和茶碱。菌丝体生长和子实体形成的培养基见表 4-2。

表 4-2 诱导牛肝菌形成子实体的合成培养基

| 项目 | 菌丝体生长 | 子实体形成 |
|---|---|---|
| 碳源 | 果胶或淀粉 2% | 果胶或乙醇 2% |
| 氮源 | 天冬氨酸 0.15%，谷氨酸 0.15% | 丝氨酸 0.1% |

| 项目 | 菌丝体生长 | 子实体形成 |
|---|---|---|
| 矿物盐 | 硫酸镁 0.05%，磷酸钾 0.05% | 硫酸镁 0.015%，磷酸钾 0.015% |
| 维生素 | | 维生素 B₁ 10 毫克/100 毫升 |
| 子实体形成诱导物 | | 环腺苷酸 5～10 摩尔/毫升，茶碱 5～10 摩尔/毫升 |

以上培养基，在 pH 值 5～6、温度 5～20℃ 的摇瓶培养条件下，经 90 天，首次人工培养出牛肝菌的子实体。也可采用接种培养。

**2. 接种要求**

牛肝菌的接种要求是无菌操作，确保接种后成品率高，具体操作要求如下。

**（1）环境净化** 采用接种室或接种箱、接种帐接种，事先应消毒，采用气雾消毒剂，每立方米 5～8 克，点燃产生气体消毒。

**（2）菌种预处理** 先拔掉菌种瓶、袋口棉塞，用塑料袋包裹瓶或袋口，然后搬进接种室内，再用接种铲伸入菌种瓶、袋内，把表层老化菌膜挖出。如出现白色扭结成团的基质也要挖出，并用棉球蘸酒精，擦净瓶内壁四周，然后搬进接种室内。若是扎袋头的菌种，开袋口同样方法处理好菌种后，把袋口扭拧后搬进接种箱内接种。

**（3）无菌操作接种** 无菌操作技术规程，主要掌握以下五个方面。

① 选择时间。选择晴天午夜或清晨接种，此时气温低，杂菌处于休眠状态，有利于提高菌袋接种的成品率。雨天空气湿度大，容易感染霉菌，不宜进行接种。

② 接种物入室。塑料袋搬入无菌室或接种帐内后，连同菌种、接种工具、酒精灯一起，进行第二次消毒。先用气雾剂熏 30 分钟以上，接种前 40～60 分钟，再用紫外线灯照射 30 分钟，达到无菌

条件。工作人员穿戴工作服、帽和口罩及拖鞋，农家接种人员，要求洗净头发并晾干，更换干净衣服，方可入室。接种前双手用75％酒精擦洗或戴乳胶手套。

③ 接种敏捷。袋料打开袋口扎绳，若是采用套环棉塞的拔出棉塞。把菌种接入袋内，重新扎好袋口或棉塞复原封口。若是瓶栽的把瓶覆盖薄膜揭开，接种后复原。由于接种时打开袋口，培养料暴露于空间，如果室内消毒不彻底，残留杂菌孢子容易趁机而入；同时，接种时间延长，空间湿度相对升高，也容易引起感染。另一方面接种器具为金属制品，火焰灭菌过久易灼热，菌种通过酒精灯火焰区时，如果动作缓慢，则容易烫伤菌种，因此，接种动作要快。

④ 更新空气。每一批料袋接种完毕，必须打开门窗通风换气30~40分钟，然后关闭门窗，重新进行消毒，继续接种。接种后如果不通风，由于室内酒精灯和人的体温的影响，加上接种时打开穴口，使料内水分蒸发，形成高温、高湿，容易带来杂菌的积累，势必造成杂菌污染。

⑤ 清理残留物。在接种过程中，菌种瓶的覆盖膜废弃物，尤其是工作台及室内场地上的木屑等杂质，必须集中于一角，不要乱扔。待每批料袋接种结束后，结合通风换气，进行一次清除，以保持场地清洁，杜绝杂菌污染。

**3. 出菇管理**

主要是催菇，采用干湿交替、温差刺激、光线调节等技术进行处理。催菇与不催菇其出菇情况大不一样，详情见表4-3。

表4-3  牛肝菌催菇处理与不处理的出菇情况对照

| 项目 | | 催菇 | | | | 未催菇 | |
| --- | --- | --- | --- | --- | --- | --- | --- |
| | | 处理1 | 处理2 | 处理3 | 处理4 | 处理1 | 处理2 |
| 第一潮菇 | 采收朵数/朵 | 21.00 | 15.00 | 11.00 | 6.00 | 0 | 0 |
| | 重量/克 | 304.50 | 170.00 | 134.50 | 50.50 | 0 | 0 |
| | 单菇重/克 | 14.50 | 11.33 | 12.23 | 8.42 | 0 | 0 |

续表

| 项目 | | 催菇 | | | | 未催菇 | |
|---|---|---|---|---|---|---|---|
| | | 处理1 | 处理2 | 处理3 | 处理4 | 处理1 | 处理2 |
| 第二潮菇 | 采收朵数/朵 | 26.00 | 28.00 | 12.00 | 11.00 | 3.00 | 8.00 |
| | 重量/克 | 369.20 | 302.40 | 140.40 | 89.10 | 41.40 | 98.40 |
| | 单菇重/克 | 14.20 | 10.80 | 11.70 | 8.10 | 13.80 | 12.30 |
| 合计 | 采收朵数/朵 | 47.00 | 43.00 | 23.00 | 17.00 | 3.00 | 8.00 |
| | 重量/克 | 673.70 | 472.40 | 274.90 | 139.60 | 41.40 | 98.40 |
| | 平均单菇重/克 | 14.33 | 10.99 | 11.95 | 8.21 | 13.80 | 12.30 |
| | 单产/(克/米$^2$) | 269.48 | 188.96 | 109.96 | 55.84 | 16.56 | 39.36 |

#### 4. 采收

牛肝菌的子实体长至七八成熟时，就要及时采收，否则菌管与菌肉之间，以及菌柄内部极易受线虫等为害，影响产品质量。采回的子实体用不锈钢刀削除菌柄基部带泥沙、杂质及虫道部分。如属野外采集，混入同属不同种或不同属的牛肝菌要分开，以保证加工产品的纯度。

然后按开伞程度进行分类，分别处理。通常分为菇蕾、幼蕾、半开伞菇和开伞菇。菇蕾、幼菇用来加工成盐渍菇，半开伞菇和开伞菇切片加工成脱水干品。

### (九) 产品加工

#### 1. 盐渍加工

盐渍菇的原料是菇蕾和幼菇。未开伞的菇蕾或出土高5～7厘米、菌盖边缘未离开菌柄的幼菇。具体加工方法如下。

**(1) 分级杀青** 按照菇体大小分别杀青，也可以在杀青前先用0.02%～0.03%亚硫酸氢钠溶液漂洗10分钟护色。杀青时间视菇体大小，菇体大的每次3～4分钟，小的每次2.5～3分钟，以菇体透心为度。杀青的水中可加入 3%～4%食盐。

**(2) 清水冷却**　将杀青后的菇体，迅速送入冷开水里冷却至 10℃以下，再移至筛或漏盘，摊开冷却至透心后，方可进行腌制。

**(3) 加盐腌渍**　在塑料桶底放一层 1～2 厘米厚的干盐，将冷却的菇铺在盐上，铺放 5 厘米厚时，再均匀撒一层 1～2 厘米厚的盐层。如此一层盐一层菇，直至铺到桶肩为止，最后在上部撒厚厚一层盐。盐菇比为 1∶1。

**2. 脱水干制**

牛肝菌的干制品是我国传统出口的畅销土特产，主销欧美各国市场。供加工成干品的原料，多为半开伞菇和开伞菇。半开伞菇是指菌盖边缘展开离菌柄 2～3 厘米，固形差，易断碎。若保藏得好，白色部分也不易褐变。干品加工方法如下。

**(1) 菇体切片**　用不锈钢刀把菇体切片，尽量使菌柄与菌盖相连在一起，纵切盖柄相连的厚度在 1.4～1.6 厘米。菇盖 3～4 厘米的一刀两片，4～6 厘米的二刀三片，6～8 厘米的三刀四片。

**(2) 脱水干制**　干制分晒干或烘干两种。按菇片的大小厚薄、干湿程度分别摆放在晒帘或烘筛上。机械脱水的温度，以 40℃起烘，50～60℃烘干。晒干的，以一次晒干为佳，当晒至半干时，翻动和并筛，如一天晒不干的，应及时收回摊放室内，翌日再晒至干。

**(3) 分级包装**　干品按外观特征分为四个等级。一级品菌片白色，菌盖与菌柄相连，无破碎、无霉变、无虫蛀。二级品菌片浅黄色，其他规格与一级品同。三级品，菌片黄色至褐色，其他规格与一级品同。四级品，菌片色泽深黄色至深褐色，允许部分菌盖与菌柄分离，有破碎，无霉变、无虫蛀。

干品按等级用塑料袋分装，热合封口，再装入纸箱内，每箱装 5～10 千克，箱内要放防潮纸及干燥剂，及时外销。

# 二、牛舌菌

## （一）简介

牛舌菌别名牛排菌、肝色牛排菌、猪舌菌（云南）及肝脏茸和鲜血茸（日本）等，分类地位：隶属于担子菌亚门、非褶菌目、牛舌科、牛舌菌属。

牛舌菌是一种珍稀的食药兼用真菌，因其子实体如牛舌和动物的肝脏，以及新鲜时色如鲜血而得名。

牛舌菌是寒温带至亚热带地区的一种经济真菌，在中国、日本、印度以及欧洲、北美的一些国家都有分布。在我国主要分布于云南、四川、广西、河南、福建、浙江等省（自治区）。

## （二）营养成分

牛舌菌肉质细嫩，滑腻松软，带有可口的香甜味及舒适的胶质感。牛舌菌含有 17 种氨基酸，其中含人体必需氨基酸 4 种，并含有一种稀有氨基酸——丁氨酸。

## （三）药用功能

子实体的热水浸提液，对小白鼠肉瘤 S-180 的抑制率为 95%。菌丝体发酵液中含有一种抗真菌的抗生素叫牛舌菌素，具有较高的药用价值。

## （四）形态特征

牛舌菌子实体多为单生，极少群生。菌盖肉质，松软，甚韧，半圆形、匙形或舌形，盖径 5～10 厘米；表面鲜红色，老时暗褐色；从基部至盖缘具有放射状深红色条纹，微黏而粗糙；菌肉厚1～3 厘米，软而多汁，浅红色。多数无柄，从树干洞穴长出的则有明显的柄，长 2～3 厘米。子实层生于菌管内，菌管浅红色，长

1～2厘米，管口直径0.5～1.5毫米，近白色，伤后呈污红色；菌管各自分离，无共同的管壁，紧密而高低不平地排列在菌肉之下。孢子无色，球形至广椭圆形，光滑，有歪尖，内含一油滴，（4～5）微米×（3～4）微米；孢子印浅红色（图4-4）。

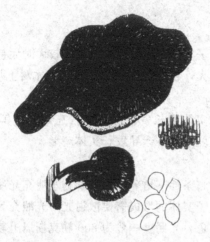

图4-4　牛舌菌

## （五）生态习性

　　野生牛舌菌多发生在山毛榉科（壳斗科）的栲属如刺栲、米槠等上，石栗属如美叶柯等和番荔科等阔叶树的枯干、枯枝、树桩和树洞等部位，是一种木腐菌。喜潮湿黑暗的生态环境，在云南的热带、亚热带雨林中，每年7～10月份，当气温上升到24℃以上，空气湿度较大时（如连续降雨2～3天后），即可见到有牛舌菌子实体的发生。

## （六）生长条件

### 1. 营养

　　牛舌菌多生于壳斗科的树木上，菌丝能分解单宁，并利用其释放出来的糖。人工栽培选用壳斗科木屑较好，此外棉籽壳辅以麦麸、玉米粉、蔗糖等，亦可满足其营养生长对碳、氮源的需求。

**2. 温度**

菌丝在 9～30℃均可生长，以 25～27℃最为适宜；子实体发生温度为 18～24℃，以 20～23℃最适。子实体分化无需低温或变温刺激。

**3. 水分**

在自然界中子实体多在雨后空气湿度较大时大量发生。菌丝生长含水量变化较大，在含水量 38％～95％的木材上均适应。

**4. 空气**

菌丝体和子实体生长发育都需要较充足的新鲜空气。通风不良，二氧化碳浓度过大，会导致子实体畸形。

**5. 光线**

菌丝应在黑暗条件下培养，如果暴露于明亮光线下，气生菌丝会枯萎、倒伏。子实体的形成需要散射光，光照充足时，菌盖才会出现美丽的鲜红色，光照度一般为 800 勒克斯以上较适。

**6. 酸碱度**

本品能耐受较低酸度，菌丝体生长的 pH 值为 4.4～6.4。

# （七）菌种制作

## A. 母种制作

**1. 菌种来源**

可以采集野生牛舌菌子实体，通过组织分离法获得，也可向科研部门引进母种转管扩接。

**2. 培养基配方**

① 马铃薯（去皮）200 克，葡萄糖 20 克，磷酸二氢钾 3 克，硫酸镁 1.5 克，维生素 $B_1$ 10 毫克，琼脂 20 克，水 1000 毫升，pH 值 5.8～6.2。

② 马铃薯（去皮）200 克，葡萄糖（或蔗糖）20 克，玉米粉 30 克，黄豆粉 10 克，酵母膏 2 克，磷酸二氢钾 1.5 克，硫酸镁

0.5 克，琼脂 20 克，水 1000 毫升，pH 值自然。

配制按常规装管、灭菌、冷却，排成试管斜面。

### 3. 转管扩接

牛舌菌无论自己分离获得的母种，或是从其他制种单位引进的母种，均因数量有限，不能满足生产上的需求。因此，一般对分离获得的一代母种，都要进行扩大繁殖，即选择菌丝粗壮、生长旺盛、颜色纯正、无感染杂菌的牛舌菌试管母种，进行转管扩接，以增加母种数量。

每支母种可扩接 30～40 支子代母种。生产上供应的多为子代母种，它可以进行再次转管扩接，一般每支可扩接 20～25 支，但转管次数不应过多。因为菌种转管次数太多，菌种长期处于营养生理状态，生命繁衍受到抑制，势必导致菌丝生活力下降，营养生长期缩短，子实体变小，肉薄，朵小，影响产量和品质。因此母种转管扩接一般以 3 次为适，最多不得超过 5 次。

接种后，置 26℃左右培养，8～12 天菌丝长满斜面即为子代母种。菌丝初为白色或浅黄色，后转浅红色至朱红色，最后变为红褐色。

## B. 原种和栽培种制作

### 1. 培养基配方

常用的培养配方为杂木屑 75％，麸皮 22％，蔗糖 1.5％，石膏 1.5％，含水量 65％。

### 2. 培养基配制方法

按比例称取木屑或棉籽壳、麦麸、蔗糖、石膏粉。先把蔗糖溶于水，其余干料混合拌匀后，加入糖水反复拌匀。棉籽壳拌料妥后，须整理成小堆，待水分渗透原料后，再与其他辅料混合搅拌均匀。检测含水量一般掌握在 60％～65％，灭菌前 pH 值 6.5～7.5。

### 3. 装料

原种多采用 750 毫克广口玻璃瓶。栽培种可用聚丙烯塑料菌种袋。培养料要求装的下松上紧，松紧适中。装瓶后也可采取在培养基中间钻一个 2 厘米深、直径 1 厘米的洞，可提高灭菌效果，并有利于菌丝加快生长。装瓶后用清水洗净、擦干瓶外部，棉花塞口，再用牛皮纸包住瓶颈和棉塞。

**4. 灭菌**

木屑培养基灭菌以 0.152 兆帕压力，保持 2 小时。棉籽壳培养基的，高压灭菌应保持 2.5～3 小时。棉籽壳含有棉酚，有碍牛舌菌菌丝生长，因此在高压灭菌时，可采取 3 次间歇式放气法排除有害物质产生的气体，确保菌种的成品率。

**5. 接种培养**

灭菌冷却至常温，按无菌操作接入母种，在 25～27℃ 条件下培养，菌丝长满全瓶即为原种，再经扩接 1 次即为栽培种。

# (八) 栽培方法

牛舌菌栽培方式以熟料袋栽或瓶栽，室内外房棚出菇为适。具体方法如下。

**1. 栽培季节**

温度恒定在 18～24 ℃、湿度较高的条件下有利于长菇。牛舌菌一般在满足其适宜生长的温度和湿度条件下，均可栽培。通常在早春接种，春末和初夏季节出菇。

**2. 培养基配制**

栽培原料为壳斗科栲树、米槠等树的木屑，辅以麸皮或米糠、玉米粉、蔗糖、碳酸钙。若用非壳斗科阔叶树的木屑，还应准备一些橡树单宁（栲胶）配合。常用配方有以下几种。

① 杂木屑 80%，麦麸 15%，玉米粉 3%，蔗糖 1%，碳酸钙 1%，料水比 1：(1.1～1.3)，pH 值 5～5.6。

② 棉籽壳 40%，黄豆秸 20%，杂木屑 20%，麦麸 18%，蔗糖 1%，碳酸钙 1%。

栽培袋采用 17 厘米×34 厘米聚丙烯袋，或广口玻璃罐头瓶（525 克）。配料→装袋（瓶）→灭菌，按常规操作。

### 3. 接种培养

灭菌后的培养袋或瓶，待冷却到 28℃ 以下时进行接种。袋栽的打开袋口或不开口在袋头侧面，打一接种穴，接入菌种。瓶栽在瓶内料面打一接种穴，接入菌种。每瓶 750 克的菌种可接 30～40 袋（瓶）。接种后置于培养室内排架培养。室温控制在 24～25℃，以不超过 28℃、不低于 15℃ 为宜。室内避光，干燥，空气新鲜。

### 4. 开口诱基

菌袋或菌瓶经过 30～40 天培养，菌丝长满后可搬到长菇房棚内上架，竖式排放；同时将袋口打开，薄膜拉直；瓶栽的将覆盖膜揭开，换上牛皮纸套筒，并喷水于空气中和袋口或套筒纸上。这个阶段要求空气相对湿度 85%，温度保持 20～22℃，保持空气新鲜，并给散射光，以诱发原基出现。

### 5. 出菇管理

开口通风增氧后，培养基上涌现白色块状凸出的原基，并逐渐长成舌状子实体，子实体发育阶段，房棚内温度 23℃ 左右，空气相对湿度应提高到 90%～95%，加强通风换气，排除二氧化碳气体，并给 500～800 勒克斯光照，促进子实体正常生长。

### 6. 采收与加工

牛舌菌子实体菌盖平展后释放大量孢子时就可采收。采收太早影响产量，采收太迟，菌管分离，色泽变成深褐色，影响产品质量。

采收后的牛舌菌，除就地鲜销外，还可干制后外销。干制方法同牛肝菌。

# 三、鸡 油 菌

## (一) 简介

鸡油菌别名黄丝菌、黄菌、黄罩、黄伞罩、杏菌、鸡蛋黄菌等，是一种珍贵的世界性的著名食药兼用菌。因其菌体色泽金黄、颜色鲜艳似鸡油和蛋黄而得名。属担子菌亚门、层菌纲、非褶菌目、喇叭菌科、鸡油菌属真菌。鸡油菌子实体香气浓郁，肉质细嫩，味道鲜美，十分可口。

## (二) 营养成分

鸡油菌营养丰富，每 100 克干品中含蛋白质 21.5 克，脂肪 5 克，碳水化合物 64.9 克，粗纤维 11.2 克，灰分 8.6 克。在蛋白质中，氨基酸含量高，人体必需的 8 种氨基酸均含有，其中苯丙氨酸含量为 513 毫克，赖氨酸 230 毫克，苏氨酸 743 毫克，缬氨酸 354 毫克，亮氨酸 583 毫克，异亮氨酸 230 毫克，蛋氨酸 35 毫克，色氨酸 283 毫克。还含有胡萝卜素、维生素 A、维生素 C 和钙、铁、磷等多种矿物质元素。

## (三) 药用功能

中医认为，鸡油菌性平、味甘，具有清肝、明目、利肺、和胃、益肠等功效。经常食用该菌，可防治因维生素 A 缺乏所引起的皮肤粗糙或干燥症、角膜软化症、视力失常、眼炎、夜盲等疾病，还可预防某些呼吸道和消化道感染的疾病。

现代医学研究表明，在鸡油菌中含有较多的类胡萝卜素，204 鸡油素（一种多烯类脂肪酸衍生物）在人体内可转化为维生素 A，有降低致癌物质的作用。鸡油菌子实体的提取物，对小白鼠肉瘤 S-180 有抑制作用。

鸡油菌属中有一种小鸡油菌也可入药，其功效同鸡油菌。目前人工种植的多为此菌。具有良好的开发利用前景。

## (四) 形态特征

子实体肉质，群生或近丛生，也有单生，杏黄色至蛋黄色，高 7～12 厘米。菌盖初期扁平，边缘内卷，后展开，中央下凹，呈漏斗状，直径 3～9 厘米，表面光滑，略粗，边缘厚钝，呈波浪状；

菌肉白色或近蛋黄色。菌褶棱形，窄而圆，排列疏松，略有弯曲，分叉或相互交错，向下渐细，光滑，肉质，内实。菌柄基部常有5～6条索状假菌根，在显微镜下观察，菌丝肥肠状，多分枝，无分隔。孢子卵形或椭圆形，无色透明，光滑，大小为（7～10）微米×（5～6.5）微米。孢子卵白色（图4-5）。

10毫米

1                2

图 4-5 鸡油菌
1—子实体；2—孢子

## （五）生长条件

### 1. 营养

鸡油菌是树木外生菌根菌。野生时常与云杉、冷杉、铁杉、栎、栗、山毛榉、鹅耳枥等形成菌根生于林中地上。人工栽培时选用杂木屑、玉米秆（芯）、油菜秆、林地腐殖土或菜园土等作培养料可满足其对营养的要求。

### 2. 温度

菌丝生长较耐低温，10～30℃均可生长，但以 25～28℃ 最为适宜；子实体形成要求较高温度，28～31℃下有利其形成和发育。

### 3. 湿度

鸡油菌喜阴湿，对湿度要求较高。人工栽培时，培养料含水量

以 65%～70%为宜；子实体的生长发育，要求空气相对湿度达
85%～95%。

### 4. 光线

鸡油菌喜阴蔽环境，菌丝生长对光线要求不严，子实体的生长
发育则需要有一定的散射光。

### 5. 空气

鸡油菌属好氧性真菌，要求生长环境通风良好，通气差生长发
育受阻，而且容易滋生杂菌。

### 6. pH 值

菌丝生长阶段，要求 pH 值在 4～5 之间；子实体形成的 pH
值以 4.5～5 为宜。

## (六) 菌种制作

### A. 母种制作

#### 1. 母种来源

新开发区以引种为宜；有野生鸡油菌的地方，可采用组织分离
法分离培养获得。组织分离方法参照多孔菌类组织分离法进行。

#### 2. 培养基配方

马铃薯（去皮）250 克、蔗糖 20 克、酵母浸膏 20 克、琼脂 20
克、磷酸二氢钾 0.5 克、硫酸镁 0.1 克、水 1000 毫升，pH 值 6。

#### 3. 配制与接种

按常规方法配制，经灭菌冷却至 30℃以下按无菌操作接入引
进或分离的试管种，在 25～28℃下培养 10 天左右，当菌丝长满斜
面即为母种。经检验无杂菌污染，即可用于转接原种或栽培种。

### B. 原种和栽培种的制作

#### 1. 培养基配方

原种和栽培种均可采用木屑 65%、油菜秆或玉米芯 10%、麦
麸 10%、林地腐殖土或菜园土 10%、过磷酸钙 2%、蔗糖 1.5%、
尿素 0.5%、石膏 1%，另加维生素 $B_1$ 0.1%，水适量，pH 值 6。

**2. 配制与接种**

按常规配料、装瓶（袋）、灭菌、冷却、接种。接种后将其移入培养室于 25～28℃下培养，经 30～40 天菌丝可长满瓶（袋），如无杂菌感染，即可用于生产。

# （七）栽培方法

鸡油菌常采用瓶栽法和箱栽法。现将有关方法分述如下。

## A. 瓶栽法

### 1. 培养基配方

杂木屑 50％、林地腐殖土或菜园土 30％、米糠 13％、尿素 1％、蔗糖 1.5％、过磷酸钙 2％、硫酸镁 0.5％、石膏 2％，另加维生素 $B_1$ 0.1％，含水量 65％左右。

### 2. 配料、装瓶、灭菌

将上述原料混合加水拌匀，酸碱度调至 pH 值 6 左右，分装于广口瓶或水果罐头瓶中，揩净瓶口和瓶外，塞上棉塞，用塑料膜和旧报纸或牛皮纸包扎瓶头，在高压力下灭菌 1.5 小时，冷却备用。

### 3. 接种培养

灭菌后将培养基瓶移入无菌室或接种箱中，按无菌操作接入菌种，搬至培养室，在 25～28℃下培养 40～45 天，菌丝即可长满瓶，并在瓶面出现鸡油菌子实体原基。此时要拔去瓶口棉塞，以利通气增氧，促进子实体生长。并要将温度提高到 28～32℃，空气相对湿度调至 85％～95％，给予一定的散射光照。

### 4. 采收

当菌盖尚未完全展开、8～9 成熟时，即可采收。采收过晚，风味差，影响商品价值。采收的鲜菇可就近鲜销，也可干制后出口。

## B. 箱栽法

### 1. 配料培菌

培养基及配制可采用瓶栽法进行，将培养料装入瓶或塑料袋中，经灭菌接种后培养发菌，当菌丝长满培养料后，将培养料倒入箱中，进行箱栽。

**2. 装箱培养**

采用木箱或纸箱装料，先在箱底铺一层4～5厘米的腐殖土，稍压实后其上铺一层2～3厘米的发菌料，压实，覆膜保温保湿，以利菌丝恢复生长。

**3. 培养管理**

装箱后约10天，就可向箱面喷雾化水，要轻喷、勤喷，以水不渗入培养基，又能保持表面湿润为度。当培养基表面出现白色菌丝斑片后，向料面喷一次0.1％的维生素$B_1$和尿素混合营养液，可促进菌丝生长和原基形成。

**4. 覆土出菇**

喷混合营养液后即可进行覆土。覆土材料以腐殖土或塘泥晒干打碎成1厘米见方的土粒为好。覆土厚度5～7厘米，将土粒含水量调至70％～75％，每天喷水2次，隔天喷1次上述混合营养液，并加强通风换气，能很快长出子实体。

**5. 采收**

当子实体长至8～9成熟，菌盖未展开时采收。采收后整理箱面，补盖腐殖土，并喷营养液，促进下批子实体形成。

上述栽培方法，很适合城镇居民、下岗工人、离退休人员在室内、阳台、房顶等地进行种植。

# 四、猪肚菌

## （一）概述

猪肚菌别名大漏斗菌、大杯香菇、笋菇（福建）、红银盘（山西）、巨大韧伞、大斗菇等。隶属于担子菌门、担子菌纲、多孔菌目、多孔菌科、革耳属。

猪肚菌是我国北方地区一种野生珍稀食用菌，夏季成群地生长在山林野地上，被山区人民采集食用。其口感风味独特，有猪肚般的滑腻，因此而得商品名"猪肚菌"。菌柄去掉表皮后食用，具有似竹笋般的清脆，市场上将去皮的菌柄称为"笋菇"。

猪肚菌主要分布在东南亚和大洋洲等热带及亚热带地区，我国的广东、福建、湖南、海南、浙江和云南等省也有分布。

猪肚菌生长条件粗放，适用原料广泛，且在夏季出菇，对解决食用菌生产淡季和调节市场供应很有意义，具有广阔的开发应用前景。

猪肚菌在国内最早是由福建省三明真菌研究所从野生菌中分离驯化出来的，经过 20 多年栽培研究，目前对其生物学特性、营养价值、栽培技术等方面有了一定的成果。2008 年 5 月福建省龙海市九湖食用菌研究所研发的猪肚菇产品，通过农业部质量安全中心无公害产品和产地双认证，正式使用无公害产品防伪标志。现有猪肚菌商品化生产，鲜菇价格 15～20 元/千克，深受欢迎，具有良好的开发前景。

## (二) 营养成分

猪肚菌营养丰富。据分析其蛋白质含量比香菇、金针菇稍高。菌盖中的氨基酸含量占干物质的 16.5%，其中必需氨基酸占氨基酸总量的 45%，高于大多数食用菌。尤其是亮氨酸和异亮氨酸的含量最为丰富；菌盖中粗脂肪含量高达 11.4%，还有人体必需的矿物元素，如钼、锌等，这些营养成分对人体健康十分有益。

## (三) 形态特征

### 1. 菌丝体形态

在 PDA 平皿培养基上，猪肚菌的菌落呈放射状生长，菌丝白色，丝状，生长迅速，常有同心环纹出现。菌丝生长后期，紧贴培养基表面长出短密有粉质感的气生菌丝，出现这种菌丝很快即形成子实体。显微镜观察猪肚菌菌丝为双型菌丝系统；生殖菌丝直径

5～8微米，膨胀，具厚或稍厚的壁，多分枝，具隔膜和锁状联合；骨骼菌丝直径3.6～4.8微米，无色，间生或端生，厚壁具窄腔，顶端渐尖，偶有分枝，无隔膜。

### 2. 子实体形态

子实体中等至大。菌盖幼时扁半球形至近扁平形，中央下凹，逐渐呈漏斗状至碗状，直径4～23厘米；表面暗褐色或浅黄色，但中央色深，分裂为不明显的鳞片，上附有灰白色或灰黑色菌幕残留物；边缘强烈内卷然后延伸，薄，稍有槽状条纹。菌褶延生，白色至浅黄白色，稍密至密，具3种或4种长度的小菌褶。菌柄长4～18厘米，中生或稀偏生，实心，倒圆锥形，近地面处略粗，基部向下延伸成根状；表面与菌盖同色，顶部较苍白，被绒毛；菌幕薄，絮状，苍白色至灰黑色，不形成菌环；菌肉近菌柄处厚5～15毫米，菌盖边缘近膜质，白色，肉质至海绵质，孢子印白色(图4-6)。

图4-6  猪肚菌

## (四) 生态习性

野生猪肚菌夏初秋末炎热季节单生、丛生于林地或腐枝落叶层上，一般误认为是土生菌。经研究发现，它属于腐菌，以枯枝腐木等为营养来源。在自然状态下，野生猪肚菌的菌丝蔓延于土层深处，条件适宜时菌丝穿过土层在光、水、气的作用下发育形成子实体。人工栽培时，菌袋培养后期，要如蘑菇那样覆土栽培。

# （五）生长条件

## 1. 营养

野生猪肚菌的营养来源于地下枯枝。人工栽培时，在木屑、蔗渣、棉籽壳、稻草等培养基上均能很好生长。猪肚菌能利用葡萄糖、蔗糖、果糖、淀粉，不能利用乳糖；能利用蛋白胨和铵态氮，不能利用硝态氮。在葡萄糖蛋白胨培养基上菌丝生长迅速，但不浓密，未长满斜面即形成子实体。

## 2. 温度

菌丝体生长温度为 $15\sim35℃$，最适温度为 $26\sim28℃$。子实体发育温度 $23\sim32℃$。由此可见，猪肚菌菌丝生长阶段偏向中温型，而子实体发育阶段却属高温型。这与多数食用菌对环境温度的要求是由高到低有所不同。

## 3. 水分

菌丝生长适宜的基质含水量为 $60\%\sim65\%$。子实体发育阶段对于空气湿度的要求比一般食用菌低。原基分化时，空气相对湿度低于 $75\%$，出现原基顶端龟裂。原基分化发育后，呼吸作用和蒸腾作用增强，对水分的需求也逐步增加，此时应适当提高覆土层的含水量，并保持空气相对湿度 $80\%\sim90\%$。

## 4. 光照

菌丝生长无需光照，但子实体生长阶段与光的关系密切。表现为在完全黑暗的条件下子实体原基不能形成；原基分化比原基形成需要更大的光量；在微弱的光线下原基长成细长棒状，不长菌盖，只有增加到一定光量时，原基上部才会分化发育长出菌盖；子实体的发育期适当增加光量可促进原基分化，有利于提高子实体的质量；但直射光和过强的光照会抑制子实体形成，有降低产量的趋势。

## 5. 空气

在子实体发生阶段对于空气的要求与一般木生菌不同。一定量的二氧化碳积累对于原基的形成是有益的。人工栽培时在培养料上覆盖一层土或沙等覆盖物是十分关键的措施。原基分化和发育则需要充足的氧气,所有栽培袋内的原基都必须露出袋口才能分化,长出菌盖。

### 6. 酸碱度

猪肚菌对于环境 pH 值的要求偏酸性。根据试验,pH 值在3.2 以下,菌丝不生长;pH 值在 5.1～6.4,菌丝生长迅速、洁白,并很快形成子实体。因此,猪肚菌菌丝生长的 pH 值下限为3.2 左右,适宜 pH 值为 5.1～6.4。

## (六) 菌种制作

### 1. 母种分离

猪肚菌可采用组织分离法获得母种。按常规方法对分离材料表面进行消毒处理,在菌盖与菌柄的连接处取一小块组织,接种在PDA 培养基上,置 25～28℃条件下培养,然后进行纯化。从组织块上萌发的菌丝,经 10～12 天长满培养基斜面。菌丝白色,浓密,绒毛状。在有光照的条件下,15 天左右在培养基斜面可形成原基,约 1 个月能发育成米粒大小、带有鳞片的白色子实体,即为母种。

### 2. 母种培养

母种培养基除采用 PDA 培养基外,还可选用玉米粉 200 克,麦麸 30 克,葡萄糖 20 克,磷酸二氢钾 3 克,硫酸镁 2 克,酵母片6 克,维生素 $B_1$ 10 毫克,琼脂 20 克,水 1000 毫升。还有一种配方为:猪肚菌子实体 250 克,产地腐殖土 100 克(浸泡,取滤汁用),蔗糖 20 克,磷酸二氢钾 3 克,硫酸镁 1.5 克,水 1000 毫升。加热后,在搅拌条件下加入炒熟的大米粉,与上述溶液混匀后,分装到试管内。灭菌后,趁热摆成斜面。此法不用琼脂,尤其适合边远地区生产者使用。

将分离纯化母种按无菌操作接种于培养基斜面上培养,培养温度 25～28℃,10～12 天菌丝在培养基斜面长满,即为扩繁母种。

**3. 原种和栽培种制作**

**（1）培养基配方**　原种和栽培种采用一般木屑培养基均可，常用以下两种。

① 阔叶树木屑 100 克，麦麸 15 千克，玉米粉 15 千克，石灰 2 千克，蔗糖 2.5 千克，石膏粉 1 千克，轻质碳酸钙 2 千克。

② 玉米粒 100 千克，石灰 1 千克，麦麸 15 千克，石膏 1 千克，轻质碳酸钙 1 千克，蔗糖 1.5 千克。将玉米粒放入石灰水中浸泡 6～12 小时，捞起，用清水淋洗至表面无石灰质，通入蒸汽 5～10 分钟，使表皮紧缩、熟化，趁热拌入其余辅料。

**（2）培养方法**　按常规方法装瓶、灭菌，接种后在 25～28℃ 条件下培养，原种需 30～35 天长满瓶，栽培种需 25～30 天长满瓶或袋。如无杂菌污染，即可用于栽培生产。

# （七）栽培技术

**1. 栽培季节**

在自然条件下，猪肚菌大量发生于 6～9 月份，子实体发生时的温度为 23～32℃，故菌袋接种时间应安排在春季，气温回升到 23℃ 以前的 40～50 天。在长江流域和华北地区，一般安排在 5 月份以前接种，9 月份出菇。有调温设施的可适当延长生产时间。东南沿海和华南地区，春栽宜在 3～5 月份接种、9 月出菇，秋栽可在 9 月份下旬至 11 月上旬接种，在自然温度下发菌，经 25～35 天菌丝在袋内长满。此时已进入低温季节，菌丝在低温下仍可缓慢生长，积累更充足的养分。到翌年"清明"后，在野外阴棚内进行覆土栽培，很快就可采收第一潮菇。

**2. 培养料配方**

猪肚菌栽培原料比较广泛，杂木屑、棉籽壳、蔗渣、废棉等都可作为栽培原料。下面介绍几种常见配方。

**（1）以杂木屑为主的配方**

① 杂木屑 78%，麦麸 20%，蔗糖 1%，碳酸钙（或石膏粉）1%。

②杂木屑39.5%,蔗渣39.5%,麦麸20%,碳酸钙(或石膏粉)1%。

③杂木屑39%,棉籽壳(或废棉)39%,麦麸20%,蔗糖1%,碳酸钙(或石膏粉)1%。

④杂木屑40%,豆秸屑40%,麦麸15%,玉米粉3%,蔗糖1%,碳酸钙(或石膏粉)1%。

⑤杂木屑49%,棉籽壳29%,麦麸(或玉米粉)20%,蔗糖1%,碳酸钙(或石膏粉)1%。

**(2)以棉籽壳为主的配方**

①棉籽壳39%,杂木屑34%,麦麸25%,蔗糖1%,轻质碳酸钙1%。

②棉籽壳50%,杂木屑30%,米糠14%,玉米粉5%,石灰粉1%。

③棉籽壳40%,玉米芯44%,米糠10%,玉米粉5%,石灰粉1%。

④棉籽壳48%,杂木屑30%,麦麸20%,蔗糖1%,碳酸钙1%。

⑤棉籽壳83%,麦麸10%,玉米粉5%,蔗糖1%,碳酸钙1%。

**(3)玉米等混合配方**

①玉米芯50%,棉籽壳30%,麦麸10%,玉米粉7%,蔗糖1%,过磷酸钙1%,石膏粉1%。

②玉米芯45%,豆秸粉30%,麦麸15%,玉米粉7%,蔗糖1%,过磷酸钙1%,石膏粉1%。

③秸秆粉38%,棉籽壳38%,茶籽饼粉17%,玉米粉4%,蔗糖1%,过磷酸钙1%,石膏粉1%。

④菌草粉38%,棉籽壳38%,茶籽饼粉17%,玉米粉4.5%,蔗糖1%,过磷酸钙0.5%,石膏粉1%。

⑤甘蔗粉40%,杂木屑37%,麦麸15%,豆粉6%,蔗糖1%,石膏粉1%。

### 3. 菌袋和菌株选择

**（1）菌袋制作**　通常采用规格为 15 厘米×55 厘米低压聚乙烯袋装料，每袋装干料约 700 克。如果采用两端接种，则在两端袋口套塑料颈圈，或用尼龙线扎封袋口。也可依照香菇袋栽法，在菌袋的同一平面上打 3～4 个接种穴，接种后用透明胶带贴封穴口发菌。另一种是短袋栽培，采用 17 厘米×34 厘米规格塑料折角袋，每袋装干料量 350 克，解袋接种。装料要求松紧适度，特别是料与袋膜之间不能留有空隙，以防接种吸入空气，发生污染，或在袋壁形成原基，消耗养分。

料袋采用常压灭菌。小型灭菌灶通常装量为 1000～3000 袋，要求点火后 2 小时袋内中心温度达 100℃然后保持 16～20 小时；大型灭菌灶的容量一般为 5000～10000 袋，灭菌时间要延长到 24 小时。待料温自然降低到 60℃时出锅，将菌袋趁热移到无菌室内。料温冷却到 28℃时，在菌袋两端接种，或在袋面采用专用接种器接种。亦可在灭菌后，将打孔、接种同步进行。每袋猪肚菌菌种，一般可接短袋 40～50 袋，长袋 20～25 袋。

**（2）菌株选择**　现在市场上常见的有贵州习水县酒镇食用菌研究中心选育的 1 号菌株，山东省济宁市光大食用菌科研中心选育的 2 号菌株，福建省三明真菌研究所选育的龙岩 3 号和永安 4 号以及收购鲜菇原料中分离的 5 号。

### 4. 养菌和覆土出菇

**（1）菌袋培养**　接种后的菌袋直立于培养室层架上避光培养，室内温度掌握在 25～28℃，空气相对湿度 70%～75%。菌丝培养阶段，前期关闭门窗，避免室内温度波动幅度过大；后期应加强通风透气，保持室内空气清新。培养过程中，分别于菌丝长至袋高的 1/3 和 4/5 时，进行两次查菌，剔除污染、死种或生长不正常的菌袋。正常情况下，40～50 天菌丝可走满菌袋。

**（2）开袋覆土**　菌丝走满栽培袋 10 天后，且气温稳定在 20℃以上时，便可除去套环，解开袋口，在培养料面上覆土。覆土厚度为 3～4 厘米，可选用火烧土、田土、菜园土为覆土材料，土粒直径为 1.5～2.0 厘米。使用前应先将覆土置于太阳下晒至发白，然后加水调节土粒湿度，以土粒捏之扁而不散为度。将覆土后的菌袋上部往下折，使袋口边缘高出土面 2～3 厘米，并将处理好的菌袋均匀地竖直排列在室外畦面或室内出菇床架上。

**(3) 出菇管理** 覆土后注意保持覆土湿润，并多关门窗或多盖膜，刺激原基分化。一般覆土后 7～10 天原基可露出土面。原基出土后，将场地空气相对湿度控制在 80%～95%。空气相对湿度低于 75%，原基顶部易龟裂，致使菌盖无法分化；同时，加强通风，保持场地空气清新，并注意使场地有一定的散射光。二氧化碳浓度过高、光线不足会推迟菌盖的分化时间，导致菌柄过长。整个出菇阶段场地温度应控制在 23～32℃。喷水量根据菇体大小、覆土的湿度和气候情况具体掌握，菇多多喷水，菇少少喷水，晴天多喷，阴天少喷。根据菇体生长不同阶段，灵活控制通风量，菌柄出土、菌盖形成、生长各阶段依次加大通风量；菇房空气相对湿度保持 90% 左右即可。当菇体成熟时及时采收，每潮菇采完后应及时补上覆土，停水养菌 3～5 天后，进行下潮出菇管理。

**(4) 病虫害防治** 病虫害防治应遵循预防为主、综合防治的原则，尽量不使用化学药剂。菌丝生长阶段，重点防止各种霉菌侵入培养基造成污染。除生产环境、原辅材料、生产过程要严格按要求进行外，还要注意查菌不宜过于频繁。由于查菌时，翻动菌袋造成袋内外空气交换，会增加受污染概率。若有链孢霉污染，应在孢子堆未变色前，用浸过 75% 酒精的纱布或布块盖住孢子堆后，轻轻将污染菌袋移出室外处理。严防孢子在空间飘散，导致大面积污染。子实体生长阶段，重点防治各种害虫。主要是各类菇蝇、菇蚊。防治方法主要是搞好环境卫生，杜绝虫源；菇房的门、窗用 60 目的尼龙纱钉好，切断害虫侵入途径；场地悬挂黄板，诱杀蝇蚊，也可用电子灭蚊器、高压静电灭虫灯、黑光灯诱杀。子实体生长发育阶段不得喷洒农药，确保产品无害化。

**(5) 采收包装**

① 成熟标志　子实体达八九成熟、呈漏斗状、边缘内卷、孢

子尚未弹射时应及时采收。

② 采收方法　采收时按采大留小，用剪刀在土面洁净的菇柄处将菇体剪下即可。但注意勿伤及周边未成熟的子实体。每采下一朵子实体，应及时用手捏住残留在土中的菇柄，轻轻旋转拔除，避免菇柄在土中腐烂，招致病虫害发生。

③ 包装贮藏　上市销售的猪肚菌仅留 1 厘米的菌柄，采收后先将子实体多余的菌柄剪去，按菌盖大小分级采用塑料袋包装。根据销售对象，按每袋净重 200 克、250 克、500 克、2500 克等不同规格包装，包装时用吸尘器抽去袋内空气，并迅速抓紧袋口。采用托盘包装的，按净重 100 克、150 克、200 克等规格定量分装后，覆盖专用保鲜膜并热合密封。包装时尽量将菌盖表面朝外，菌褶朝内，使外表丰满美观。上述包装材料应符合 GB 9687 或 GB 9688 的要求。为便于贮藏、运输，还要以箱、筐等作外包装，并要求牢固、无毒、清洁、无异味。

**（6）保鲜加工**

① 降温处理　猪肚菌的保鲜比一般菇类长，在 4℃冷藏设备条件下，敞开放置 7～10 天不会变质。采收后的鲜菇含水量较高，在冷藏中极易引起冻害，或在存放过程中引起发热变质。故采收的鲜菇应采用晾晒、热风排潮（干热风 40℃左右）或用去湿机降湿，使鲜菇含水量降至 80% 左右。

② 装框冷藏　经过降湿处理的鲜菇，待菇体温度降至自然温度后，装入塑料周转箱移入 1～4℃冷库内，进行短期贮存，等待分级包装。鲜菇在冷藏过程中应尽量减少贮藏温度的波动，尤其要防止因低温中断，致使库温上升到 20℃以上，造成菇体鲜度下降，甚至变质。冷藏时换气要在自然气温较低的晴天进行，并同时启动制冷机，以防止库温波动。

③ 包装运输　包装于起运前 8～10 小时在冷库内进行。按照客户的要求进行分级，切除菇根。将同样等级的鲜菇按规定重量装入塑料袋，抽真空后再装入塑料泡沫箱内，加盖密封，然后再装入瓦楞纸箱内，用胶带纸封口。或按客户要求，将鲜菇定量装入塑料

托盘，用保鲜薄膜包好密封，再装入瓦楞纸箱内，胶带纸封口。

鲜菇包装后要及时运达港口。在气温低于 15℃ 时，可用普通货车运送；气温高于 15℃ 时，需用冷藏车（1～3℃）运送。在发运时，要考虑到达口岸所需运输时间，是否在有效保鲜期内，以免影响保鲜效果。

### (7) 产品分级标准

猪肚菌大多以菇盖鲜销为主，客商对不同等级规格的菇盖有不同的要求，国内市场感观指标见表 4-4，安全要求必须符合农业行业标准《无公害食品　食用菌》（NY 5095—2006）有关规定。

表 4-4　鲜猪肚菌感观指标

| 项目 | 指标 | | |
|---|---|---|---|
| | 一级 | 二级 | 三级 |
| 外观 | 菌盖圆呈漏斗状、边缘内卷，菌柄直，菇体大小均匀 | 菌盖圆呈漏斗状、边缘内卷，菌柄较直，菇体大小较均匀 | 菌盖较圆、边缘平直，少部分菌盖稍有缺裂，菌柄稍弯曲，菇体大小不太均匀 |
| 色泽 | 菌盖浅灰黄色至浅黄色 | | |
| 气味 | 具有鲜猪肚菌特有的香味，无异味 | | |
| 菌盖直径/厘米 | 4.0～8.0 | 8.0～12.0 | ≤4.0 或≥12.0 |
| 碎菇/% | 无 | 1.0 | ≤1.0 |
| 虫损菇/% | 无 | 1.5 | ≤2.0 |
| 破损菇/% | 无 | 14.0 | ≤2.0 |
| 一般杂质/% | ≤0.5 | | |
| 有害杂质 | 无 | | |

# 五、虎 奶 菇

## （一）简介

虎奶菇是巨核侧耳的商品名，别名菌核侧耳、核耳菇、茯苓侧耳、南洋侧耳（日本）等。隶属于担子菌亚门、层菌纲、伞菌目、侧耳科、侧耳属，是一种热带珍稀食药兼用真菌，具有很高的营养和药用价值。其主要食（药）用部分为菌核，菌核的营养成分丰富，含有葡萄糖、果糖、半乳糖、甘露糖、麦芽糖、肌醇、棕榈酸、油酸、硬脂酸等，还含有还原糖2%、蛋白质45%，灰分中含有钾、钠、钙、镁等矿质元素。

非洲各国普遍认为虎奶菇菌核是一种可以治疗多种疾病的良药，能治疗胃病、便秘、发热、感冒、水肿、胸痛、疔疮、神经系统疾病、天花、哮喘、高血压等，并能促进胎儿的发育，提高早产儿的成活率。据《本草纲目》、《千金药方》等记载，其子实体及菌核具有治疗胃病、感冒、哮喘、高血压，以及补肾壮阳等功效。最新研究发现，其所含的真菌多糖——虎奶菇多糖10.8%，能增强人体免疫力，补血生津，抑制多种肿瘤生长。

虎奶菇在非洲、澳大利亚和亚洲一些国家或地区多有分布。我国主要分布在云南、海南等地，多为野生，人工栽培尚未形成商品生产。

虎奶菇多糖的结构与从许多其他品种得到的多糖（如茯苓多糖、香菇多糖、裂褶菌多糖等）相似。这些（1，3）-$\beta$-D-葡聚糖，被称为生物应答调节剂，国内外对于这类多糖的生物活性及构效关系的研究已有大量报道，推测虎奶菇多糖亦应有类似的活性。研究表明，虎奶菇多糖对小鼠$CCL_4$所致肝损伤具有保护作用。

据报道，江西省临川丁湖食用菌研究所与高等院校合作，开展"虎奶菇人工栽培技术研究"项目，已通过省科技厅组织的专家鉴定，并向国家申报了专利。近年来在黎川县潭溪乡、资溪县嵩市镇进行了一定规模的应用推广，取得了明显的经济效益。

## （二）形态特征

虎奶菇子实体从地下的菌核上长出，单生或丛生。菌盖直径10～20厘米，漏斗形或杯形，后平展，但中央仍保持下凹，菌肉变成革质。子实体幼嫩时灰褐色至深褐色，表面较为光滑，成熟后菌盖表面常有散生、翘起的小鳞片；菌盖颜色变浅，成浅褐色至乳

图 4-7　虎奶菇

白色，近中央的部分，为浅白色至肉桂色；菌盖无条纹，边缘初内卷且薄。菌褶延生，密集，小菌褶的长度为大菌褶长度的 1/6，宽达 2 毫米，乳白色至浅黄色，边缘完整。菌柄大小为（3.5～13）厘米×（0.7～3.5）厘米，中央生，偶尔略偏生，圆柱形，中实，表面与菌盖同色，通常有和菌盖表面一样贴生的小鳞片或小绒毛。褶缘不孕，形成密集的囊状体毛，其大小为（20～38）微米×（4～6）微米，大多数近顶端成梭状，透明，壁薄。侧囊体和菌丝柱罕见或缺。孢子印白色，孢子大小为（7.5～10）微米×（2.5～4.2）微米，柱状椭圆形，无色，透明，担子（21～26）微米×（5～6）微米，棍棒状圆柱形，有 4 枚小梗（图 4-7）。

## （三）生态习性

据江西科研人员在崇仁县进行的生物资源调查显示，在阔叶林边缘一埋地下的腐木桩上采到该菌的子实体。崇仁县位于江西省中部偏东，属亚热带季风性湿润气候，四季分明，光照充足，雨量充沛；年平均气温 17.6℃，年平均降水量 1736 毫米，年日照平均 1776 小时，无霜期达 266 天。在采集子实体时，科研人员对其生物环境进行了较为系统的调查。该菌株子实体分布的植物群落为壳斗科、山茶科等，发生地光照度 200 勒克斯左右，土壤酸碱度 pH 值在 5.5～6.5。野生子实体主要在 5 月下旬至 6 月上旬出菇，气温为 25～32℃，空气相对湿度为 85%～90%，一般雨后出菇较多。菌核一般分布在土层下 5～10 厘米，外部暗褐色，直径在 10 厘米左右，子实体在其上面形成并生长出。

## （四）生长条件

### 1. 营养

虎奶菇为典型的木腐菌，它的生长发育离不开碳源、氮源、无机盐（矿物质）和生长素等营养物质。

**（1）碳源** 碳源来自基质中的含碳有机物，如纤维素、半纤维素、木质素、淀粉、蔗糖、葡萄糖等，以及某些有机酸和某些醇类。

**（2）氮源** 虎奶菇可利用的氮源，包括有机氮源和无机氮源。有机氮源主要有蛋白胨、酵母膏、牛肉膏、尿素等，无机氮源主要有铵盐、硝酸盐、尿素等。

**（3）矿质元素** 虎奶菇在生长发育过程中需要一定量的矿质元素，如钾、磷、硫、钠、铁、锌、铜、锰、硼、硒、铬等矿质元素。钾、磷、硫、镁、钠、钙是主要元素，占矿质元素的 90%，其中以磷、钾、镁、钙几种元素最为重要。此外，还需要少量铁、锌、铜、锰、硼等矿质元素。

**（4）维生素** 维生素是一类具有特殊生理活性的有机化合物，虽然用量甚微，但对虎奶菇的生长、发育、代谢却有极其重要的影响。硫胺素（维生素 $B_1$）是脱羧酶辅基的重要组分，是碳代谢不可缺少的酶类。虎奶菇自身一般不能合成硫胺素，缺乏时使生长发育受阻，甚至不能出菇，维生素用量很小，在培养料的有机物和水中可得到满足。

### 2. 温度

虎奶菇为典型的高温品种。菌丝生长的最适温度为 35℃，当温度低于 10℃时菌丝不生长，15℃菌丝稍生长，30℃菌丝生长相当好，35℃菌丝生长最好，但 40℃以上菌丝不能生长。子实体分化温度范围为 22～40℃，最适为 28～33℃。子实体分化与生长需要较为恒定的温度，温差较大容易造成子实体的畸形与死亡。

### 3. 水分

培养基含水量 60%时菌丝生长最好，空气相对湿度的要求不同，菌丝生长阶段以 70%为好，子实体分化阶段为 85%~90%，子实体的生长阶段需要较高的空气相对湿度，子实体生长期为 95%，空气湿度偏低或变化波动太大，容易造成子实体畸形，甚至死亡；空气湿度过高，易造成子实体水肿，加大病虫害的危害。

### 4. 光照

虎奶菇不同生长阶段对光照强度（光强）的要求有所不同。孢子形成并散发，光强要求 150~400 勒克斯；菌丝在黑暗条件下生长良好，光强超过 80 勒克斯，菌丝生长速度受到抑制；子实体分化与生长需要散射光，光强范围 200~1000 勒克斯，如果小于 200 勒克斯，子实体不易形成，但光照太强，易造成子实体畸形。

### 5. 空气

在菌袋发菌前期由于菌丝量少，培养基中氧气充足，菌丝生长速度快；随着菌丝量的增加，培养基中氧气逐渐减少，二氧化碳浓度不断增加，菌丝生长速度明显受到抑制。子实体发育的生殖生长阶段，需氧量比菌丝体营养生长阶段明显加大。子实体分化阶段二氧化碳浓度在 0.1%以下，对子实体分化瘤状体的形成有促进作用；浓度过高时，瘤状体形成的棒状体容易分叉甚至开裂；在棒状体与子实体生长阶段，浓度超过 0.1%时，生长速度极其缓慢，有些棒状体顶端开裂、褐变甚至枯萎，有些棒状体不能长出菌盖，有些即使已形成了菌盖，也会导致菇形畸变。

## （五）菌种制作

### 1. 母种制作

**(1) 母种来源**　可用子实体或菌核进行组织分离获得，也可向有关科研单位引种。

**(2) 培养基**　国内大多采用 PDA 培养基。在尼日利亚，使用的培养基配方为：麦芽浸膏 20 克，酵母浸膏 25 克，硝酸钠 0.05 克，氯化钾 0.05 克，甘油磷酸镁 0.05 克，硫酸钾 0.03 克，硫酸亚铁 0.03 克，琼脂 15 克，加水至 1000 毫升，pH 值调至 6.5。菌丝体在这种培养基上生长得更快、更好。

### 2. 原种制作

试验结果表明，以麦粒种最佳。麦粒种制作方法：取小麦粒水煮至无白心，晾至不粘手，拌入石膏粉，装瓶、灭菌后，接入母种，25℃条件下培养 25 天左右即可。

### 3. 栽培种制作

最佳培养基配方为棉籽壳 82%、麦麸 16%、石灰 1%、石膏 1%，含水量占整个培养基重量的 60%。培养基拌匀后，装入 17 厘米×33 厘米的折角袋中，每袋装入 500 克。套环，塞好棉塞，外口包牛皮纸。灭菌后，接入菌种，至 25℃条件下恒温培养 25 天即可。

## （六）栽培技术

### 1. 栽培季节

虎奶菇菌丝体生长的适宜温度为 28～35℃。在自然气温条件下，我国南方省份出菇月份为 5 月中旬至 11 月上旬，在北方或低温季节，只要适当加温，也可以栽培。

### 2. 栽培方式

虎奶菇的栽培方式，有袋栽和短段木窖两种。前者是以阔叶树木屑、农作物秸秆为主要栽培原料，栽培方法与香菇、平菇的袋栽法基本相似，只是管理较为简便、省工。后者是利用阔叶树的短段木为栽培原料，栽培方法与茯苓的筒木窖栽法相似，只是以阔叶树短段木代替松木而已。而作为商品化生产和考虑资源综合利用，目前主要推广培养料袋栽方法。

**（1）培养基配方**　虎奶菇培养料可选用以下配方。

① 棉籽壳培养基。棉籽壳 84%，麸皮 14%，石灰 1%，石膏 1%，含水量 60%。

② 木屑培养基。木屑 84%，麸皮 14%，石灰 1%，石膏 1%，含水量 60%。

③ 稻草培养基。稻草段（3～5 厘米）84%，麸皮 14%，石灰

1%，石膏 1%，含水量 60%。

上述不同培养基的出菇试验表明：以棉籽壳作栽培料最好，木屑次之，稻草较差。

**（2）菌袋制作与接种培养**

① 培养基配制。培养基配制要求"四合理"配方合理，主料一般掌握在 80%～85%，辅料（麦麸或米糠）15%～18%；碳氮比合理，一般 20：1；含水量合理，一般 60%左右；pH 值自然，灭菌前 pH 值为 6～7，以不超 8 为适宜。

② 基质灭菌。培养料灭菌要求"三达标"：点火上温达标，装料进灶点火后，5 小时内 100℃；灭菌时间达标，达到 100℃后保持 18～24 小时；排热散气达标，灭菌后料袋疏排散热 24 小时。

③ 接种无菌操作。接种坚持"四严格"：严格掌握料温 28℃以下方可接料；严格执行物理灭菌，采取紫外线、臭氧等；严格按照无菌操作规程接种；严格接种后清残，防止交叉污染。

④ 发菌培养。接种后菌袋进入发菌培养，强调"五必须"：发菌室必须清洁卫生，事先进行物理消毒灭菌处理；门窗必须安装纱网遮光，避光养菌；发菌期必须干燥，空气相对湿度不超过 70%；控温养菌必须掌握在 30～35℃，防止超过 36℃，以免烧菌；管理必须勤翻袋检查，发现污染及时隔离处理。

接种后的菌袋按"井"字形置于菌丝培养室中，调节温度在 25～27℃，保持干燥通风。经 25 天左右的培养菌丝可长满菌袋，35 天菌丝达到生理成熟，可进行阴棚覆土出菇。

**（3）覆土出菇管理**

① 排袋覆土。畦面按宽 1.0～1.3 米、深 1.0 米挖浅沟，将松土收集进行堆制驱虫和杀菌，每立方米土用 1 千克石灰兑水稀释后拌入，覆盖薄膜闷 3～4 天后，打开薄膜，翻松堆土备用；畦面喷 1%的石灰水，进行驱虫和杀菌，作为菇床备用。

先将畦面用 1%石灰水浇湿，再将长满菌丝的菌袋开袋，然后把菌袋整齐地平放在畦面上，袋与袋间距 3～5 厘米，填入消毒好的覆土，顶上再覆土 2～3 厘米，浇透水；上面再铺盖少量稻草保温、遮光。

② 出菇管理。培养 35～45 天后，洁白菌丝长满全袋，其后在培养料的上方或中间菌丝开始集结，形成虎奶菌的菌核。只要温度适合，菌核就会逐渐长大。当菌核快要顶破塑料袋时，可以脱去塑料套环、拔开棉塞、松开袋子，防止塑料袋破裂。前期每天喷水 1～2 次，保持土层含水量在 75% 左右，并加盖薄膜进行保温保湿，7～10 天出现原基后，揭掉薄膜，加大喷水，保持空气相对湿度在 90% 左右；再经 5～7 天可进入第一潮菇子实体采收期。第一潮菇采收后，整理畦面，停止喷水，加强通风，养菌 5 天，加大喷水，便可进行第二潮菇的诱导，管理方法同前。共可采收 3～4 潮。

**3. 虫害防治**

虎奶菇野外栽培中，常见害虫主要是白蚁。白蚁又称白蚂蚁，是喜温昆虫。以家白蚁为例，对温度的适应范围是 25～30℃。一般来说，当气温达 25℃时，白蚁活动频繁，为害虎奶菇的菌核。防治办法如下。

**(1) 选好栽培场地**　栽培场地选在远离贮木场、坟地和其周围没有白蚁发生的地方。山区栽培场坡向应向正东、正西、东南、正南或西南，而不宜选北向、西北向或东北向的山坡地作栽培场。

**(2) 搞好环境卫生**　建设菇房或栽培场时，要先清除残留的废弃木料、老树桩等杂物。生产期间要随时清除废弃物及周围林地中的枯木、风倒木和地面的残枝等。

**(3) 挖巢及诱杀**　找、挖蚁巢，根据白蚁为害的外露迹象，如排泄物、泥被、分飞孔、通气孔、蚁路等，寻找蚁巢。蚁巢附近，蚁路密集粗大，有大量兵蚁出现的一端的反向是蚁巢。有建筑物的地方，白蚁为害后，墙面有水渍或膨胀现象，可采取挖巢诱杀。

① 坑诱法。挖 30～40 米$^2$ 的地坑。选放松、杉、樟木板或木条，或放甘蔗渣，然后加入少量松花粉及适量的灭蚁灵等药物，再用松树枝、麻袋或塑料薄膜等覆盖。

② 箱诱法。用废的松、杉板做成长、宽各 30～35 厘米的木箱，箱内放松、杉木板或松、杉木屑，或甘蔗渣、玉米芯等作饵

料，再加入适量灭蚁灵等药物放在白蚁集中活动的地方，一般集9～20天就要对厢内进行药物喷杀处理。

**(4) 化学防治** 常用药物有硼酚合剂。将硼酸、硼砂、五氯酚钠按2∶2∶4比例混合后，用5%的浓度溶液喷雾、浸渍或加压浸注。

### 4. 采收与加工

**(1) 适时采收** 虎奶菇经过150天以上静置培养，菌核不再发育，培养基变白、变软、变轻时，菌核就可采收。从原基出现到子实体成熟，大约需要7天，若温度偏低，菌核产生子实体的时间会拖长一些。

**(2) 菌核加工** 菌核采收后，用清水洗净，切成1～2毫米厚的薄片，晒干或机械脱水烘干。然后粉碎机磨细，可与面粉、米粉、糖等一起制成保健糕点。

**(3) 子实体加工** 采集的新鲜子实体，可采取以下两种方法保鲜。

① 冷藏保鲜。在接近0℃或稍高几摄氏度的冷藏室、冷藏箱或冷柜中保鲜。贮藏数量很少时，也可用冰块或干冰降温。注意冷藏室内不能同时放置水果，因为水果可产生乙烯等还原性物质，使菇体很快变色。经常检查，调节好室内或箱内的空气湿度。贮藏时间最好控制在7天左右。

② 气调保鲜。该方法是通过人工控制环境的气体成分及温度、湿度等因素，达到安全保鲜的目的。一般是降低空气中氧的浓度，提高二氧化碳的浓度，再以低温贮藏来控制菌体的生命活动，这是现代较为先进有效的保藏技术。

# 附录

## 一、常规菌种制作技术

各类菌种生产上有许多共同之处，如制种设施、接种工具、无菌条件、分离方法等均基本相同。为避免在介绍每个品种时，都要详细讲述制种问题，现将制种的原则和要求分述如下，以便初学者参考和使用。

### （一）菌种生产的程序

菌种生产的程序为：一级种（母种）→二级种（原种）→三级种（栽培种）。各级菌种的生产要紧密衔接，以确保各级菌种的健壮。不论哪级菌种，其生产过程都包括：原料准备→培养基配制→分装和灭菌→冷却和接种→培养和检验→成品菌种。

### （二）菌种生产的准备

**1. 原料准备**

**（1）生产母种的主要原料** 马铃薯、琼脂（又称洋菜）、葡萄糖、蔗糖、麦麸、玉米粉、磷酸二氢钾、硫酸镁、蛋白胨、酵母粉、维生素 $B_1$ 等。

**（2）生产原种和栽培种的主要原料** 麦粒、谷粒、玉米粒、棉籽壳、玉米芯（粉碎）、稻草、大豆秆、麦麸或米糠、过磷酸钙、石膏、石灰等。

**2. 消毒药物准备**

常用化学消毒药物有如下品种。

**(1) 乙醇**（即酒精）　用75％酒精对物体表面（包括菇体、手指等）进行擦拭消毒，效果很好。

**(2) 新洁尔灭**　配成0.25％的溶液用棉球蘸取后擦拭物体表面消毒。

**(3) 苯酚**（又称石炭酸）　用5％的苯酚溶液喷雾接种室等用于空气消毒。

**(4) 煤酚皂液**（俗称来苏尔）　用1％～2％的浓度喷雾接种室、培养室和浸泡操作工具，对空气和物体表面进行消毒。

**(5) 漂白粉**　用饱和溶液喷洒培养室、菇房（棚）等，可杀灭空气中的多种杂菌。

**(6) 甲醛和高锰酸钾**　按10：7（体积：质量）的比例混合熏蒸接种室、培养室等，可起到很好的杀菌消毒作用。

**(7) 过氧乙酸**　将过氧乙酸Ⅰ和过氧乙酸Ⅱ按1：1.5比例混合，置于广口瓶等容器内，加热促进挥发，能起到对空气和物体表面进行消毒的作用。

**3. 设施准备**

**(1) 培养基配制设备**

① 称量仪器。架盘天平或台式扭力天平，50毫升、100毫升、1000毫升规格量杯、量筒及200毫升、500毫升、1000毫升等规格的三角烧瓶、烧杯。

② 小刀、铝锅、玻棒、电炉或煤气炉灶，试管、漏斗，分装架，棉花，线绳，牛皮纸或防潮纸，灭菌锅（用于母种生产的灭菌锅常为手提式高压蒸汽灭菌锅或立式高压蒸汽灭菌锅）。

③ 用于原种和栽培生产的设备，需要台秤、磅秤、水桶、搅拌机、铁锹、钉耙等。

**(2) 灭菌设备**

① 常压蒸汽灭菌。常压蒸汽灭菌又称流通蒸汽灭菌，主要由灭菌灶与灭菌锅组成（附图1）。小量生产，也可用柴油桶改制灭菌灶。由于灭菌的密闭性能和灭菌物品介质的不同，灭菌温度通常变动在95～105℃之间。采用常压蒸汽灭菌，当灭菌锅的温度上升到100℃开始计时，维持6～10小时，停火后，再用灶内余火焖

一夜。

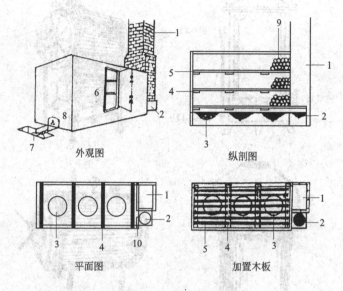

附图1 大型灭菌灶
1—烟囱；2—添水锅；3—大铁锅；4—横木；5—平板；
6—进料门；7—扒灰坑；8—火门；9—培养料；10—进水管

② 高压蒸汽灭菌。高压蒸汽灭菌器是一个可以密闭的容器，由于蒸汽不能逸出，水的沸点随压力增加而提高，因而加强了蒸汽的穿透力，可以在较短的时间内达到灭菌的目的。一般在 0.137 兆帕压力下维持 30 分钟，培养基中的微生物，包括有芽孢的细菌都可杀灭。高压灭菌时，灭菌压力和维持时间因灭菌物体的容积和介质不同而有区别。

常用高压灭菌器有手提式高压灭菌锅和立式高压灭菌锅及卧式高压灭菌锅（附图 2）。手提式高压灭菌锅结构简单，使用方便，缺点是容量较小，无法满足规模生产原种及栽培种的需要。卧式、立式高压灭菌锅容量大，除具有压力表、安全阀、放气阀等部件外，还有进水管、出水管、加热装置等。高压灭菌可用作原种和栽培种的批量生产。

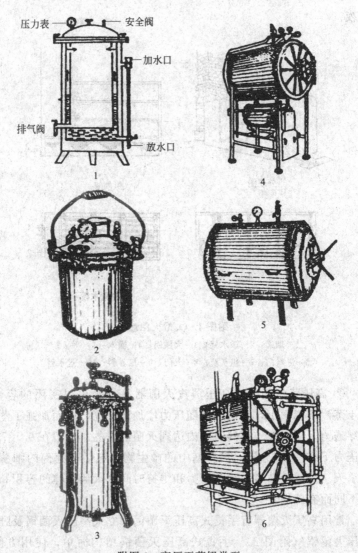

附图2　高压灭菌锅类型

1，2—手提式；3—直立式；4，5—卧式圆形；6—卧式方形（消毒柜）

### (3) 接种设备

① 接种室。应设在灭菌室和培养室之间，培养基灭菌后就可

很快转移进接种室，接种后即可移入培养室进行培养，以避免长距离的搬运过程浪费人力并招致污染。接种室的设备应力求简单，以减少灭菌时的死角。接种室与缓冲室之间装拉门，拉门不宜对开，以减少空气的流动。在接种室中部设一工作台，在工作台上方和缓冲室上方，各装一支 30～40 瓦的紫外线杀菌灯和 40 瓦日光灯，灯管与台面相距 80 厘米，勿超过 1 米，以加强灭菌效果。接种时，紫外线灯要关闭，以免伤害工作人员的身体（附图3）。

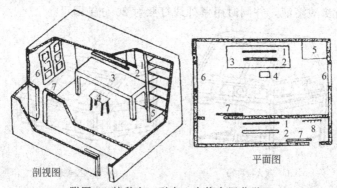

剖视图　　　　　　　　　平面图

附图3　接种室（引自《自修食用菌学》）

1—紫外灯；2—日光灯；3—工作台；4—凳子；5—瓶架；6—窗；7—拉门；8—衣帽钩

接种室要经常保持清洁。使用前要先用紫外线灯消毒 15～30 分钟，或用 5％的石炭酸、3％煤酚皂溶液喷雾后再开灯灭菌，空气消毒后经过 30 分钟，送入准备接种的培养基及所需物品，再开紫外线灯灭菌 30 分钟，或用甲醛熏蒸消毒后，密闭 2 小时。

接种时要严格遵守无菌操作规程，防止操作过程中杂菌侵入，操作完毕后，供分离用的组织块、培养基碎屑以及其他物品应全部带出室外处理，以保持接种室的清洁。

② 接种箱。接种箱是一种特制的、可以密闭的小箱，又叫无菌箱，用木材及玻璃制成，接种箱可视需要设计成双人接种箱和单人接种箱，双人接种箱的前后两面各装有一扇能启闭的玻璃窗，玻璃窗下方的箱体上开有两个操作孔。操作孔口装有袖套，双手通过袖套伸入箱内操作。操作完毕后要放入箱内，操作孔上还应装上两扇可移动的小门。箱顶部装有日光灯及紫外线灯，接种时，酒精灯燃烧散发的热

量会使箱内温度升高到40℃以上，使培养基移动或熔化，并影响菌种的生活力。为便于散发热量，在顶板或两侧应留有两排气孔，孔径小于8厘米，并覆盖8层纱布过滤空气。双人接种箱容积以放入750毫升菌种瓶100~150瓶为宜，过大操作不便，过小显得不经济（附图4）。

接种箱的消毒可用40％的甲醛溶液8毫升倒入烧杯中，加入高锰酸钾5克（1米³容积用量），熏蒸45分钟，在使用前用紫外线灯照射30分钟。如只是少量的接种工作，则可在使用前喷一次5％石炭酸溶液，并同时用紫外线灯照射20分钟即可。

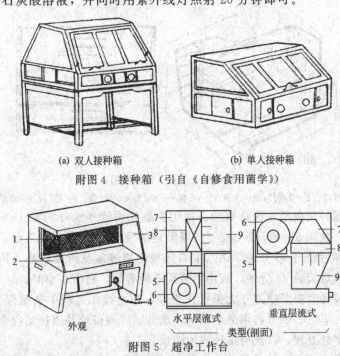

(a) 双人接种箱　　　　(b) 单人接种箱

附图4　接种箱（引自《自修食用菌学》）

附图5　超净工作台

1—高效过滤器；2—工作台面；3—侧玻璃；4—电源；5—预过滤器；
6—风机；7—静压箱；8—高效空气过滤器；9—操作区

③ 超净工作台。分单人用和双人用两类。单人超净工作台操作台面较小。一般为（80~100）厘米×（60~70）厘米，双人超净工作台操作台面较大，可两人同时一面或对面操作。使用前打开开关，净化空气10~20分钟后即可操作接种（附图5）。

④ 接种工具。接种刀、接种铲、接种耙、接种针、接种镊
（附图6）。

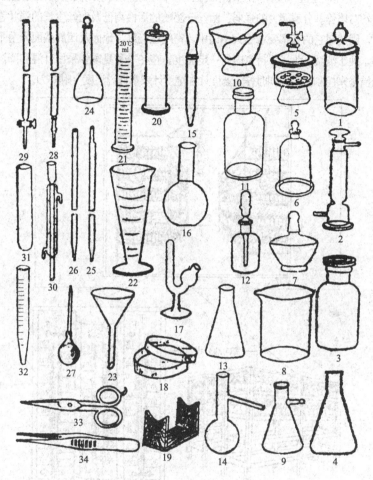

附图6　玻璃器皿及器具

1—称量瓶；2—干燥塔；3—试剂瓶；4—摇瓶；5—真空干燥器；6—钟罩；7—酒精灯；
8—烧杯；9—过滤瓶；10—研钵；11—试剂瓶；12—滴瓶；13—烧瓶；14—蒸馏烧瓶；
15—滴液吸移管；16—平底烧瓶；17—发酵管；18—培养皿；19—接种架；20—标本瓶；
21—量筒；22—量杯；23—漏斗；24—容量瓶；25~27—吸管；28，29—滴定管；
30—冷凝管；31—试管；32—离心管；33—剪刀；34—镊子

137

#### 4. 培养室

培养室是进行菌种恒温培养的地方。因为温度关系到菌丝生长的速度、菌丝对培养基分解能力的强弱、菌丝分泌酶的活性高低及菌丝生长的强壮程度，因此对它的基本要求是大小适中，密闭性能好，地面及四周墙面光滑平整，便于清洗。为了保持室内的一定温度，在冬季和夏季要采用升温和降温的措施来控制。室内同时挂上温度计和湿度计来掌握温湿度（附图7）。

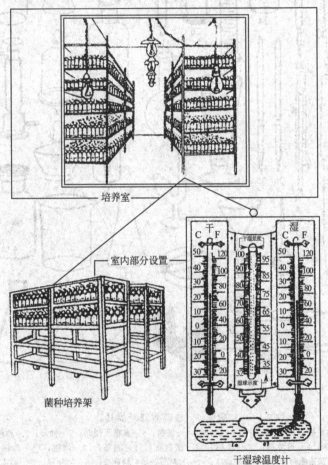

培养室

室内部分设置

菌种培养架

干湿球温度计

附图7　培养室及其室内设置

（引自潘崇环）

升温一般采用木炭升温、电炉升温、蒸汽管升温等办法，在升温过程中，为了保持培养室的清洁卫生，避免燃烧产生的二氧化碳、一氧化碳等有害气体对菌种的影响，加温炉最好不要直接放在室内。

降温目前常用空调降温、冰砖降温、喷水降温等措施，在采用喷水降温时，应加大通风量，以免培养室过湿而滋生杂菌。

培养室内可设几个用来存放菌种瓶的床架，一般设3～5层，每层的高度设计要便于操作。在菌种排列密集的培养室内，可设置合适的窗口，以利于空气对流。当培养室内外湿度大时，可在室内定期撒上石灰粉吸潮，以免滋生杂菌。菌丝培养阶段均不需要光线或是只需要微弱散射光，在避光条件下培养对菌丝生长最为有利。

# （三）母种的制作

## 1. 斜面培养基的制备

**(1) 培养基配方**　常用的有以下几种。

① PDA 培养基。马铃薯（去皮）200克、葡萄糖20克、琼脂10～20克，水1000毫升 pH 值 6.2～6.5。

② PDA 综合培养基。马铃薯（去皮）200克、葡萄糖20克、磷酸二氢钾2克、硫酸镁0.5克、琼脂10～20克，水1000毫升，pH 值 6.2～6.5。

③ PDYA 综合培养基。马铃薯（去皮）200克、葡萄糖20克、酵母粉2克、磷酸二氢钾2克、硫酸镁0.5克、琼脂10～20克，水1000毫升，pH 值 6.2～6.5。

④ PDPA 综合培养基。马铃薯（去皮）200克、葡萄糖20克、蛋白胨2克、磷酸二氢钾2克、硫酸镁0.5克、琼脂10～20克，水1000毫升，pH 值 6.2～6.5。

⑤ 木屑综合培养基。马铃薯（去皮）200克、阔叶树木屑100克、葡萄糖20克、磷酸二氢钾2克、琼脂10～20克、水1000毫升，pH 值 6.2～6.5。

⑥ 麦麸综合培养基。马铃薯（去皮）200克、麦麸50～100

克、葡萄糖 20 克、磷酸二氢钾 2 克、硫酸镁 0.5 克、琼脂 10～20 克，水 1000 毫升，pH 值 6.2～6.5。

⑦ 玉米粉综合培养基。马铃薯（去皮）200 克、玉米粉 50～100 克、葡萄糖 20 克、磷酸二氢钾 2 克、硫酸镁 0.5 克、琼脂 10～20 克，水 1000 毫升，pH 值 6.2～6.5。

⑧ 保藏菌种培养基。马铃薯（去皮）200 克、葡萄糖 20 克、磷酸二氢钾 3 克、硫酸镁 1.5 克、维生素 $B_1$ 微量、琼脂 10～25 克，水 1000 毫升，pH 值 6.4～6.8。

**(2) 配制方法** 培养基配方虽然各异，但配制方法基本相同，都要经过如下程序：原料选择→称量、调配→调节 pH 值→分装→灭菌→摆成斜面。

① 原料选择。最好不使用发芽的马铃薯，若要使用，必须挖去芽眼，否则芽眼处的龙葵碱对侧耳类菌丝生长有毒害作用。木屑、麦麸、玉米粉等要新鲜不霉变、不生虫，否则昆虫的代谢产物和霉菌产生的毒素对菌丝也有毒害。

② 称量。培养基配方中标出的"水 1000 毫升"不完全是水，实际上是将各种原料溶于水后的营养液容量。配制时要准确称取配方中的各种原料，配制好后总容量达到 1000 毫升。

③ 调配。将马铃薯、木屑、麦麸、玉米芯等加适量水于铝锅中煮沸 20～30 分钟，用 2～4 层纱布过滤取汁；将难溶解的蛋白胨、琼脂等先加入滤汁中加热溶解，然后加入化学试剂，如葡萄糖、磷酸二氢钾、硫酸镁等，用玻棒不断搅拌，使其均匀。如容量不足可加水补足至 1000 毫升。

④ 调节 pH 值。不同侧耳类品种生长发育的最适 pH 值不同；不同地区、不同水源的 pH 值也不相同，因此对培养基的 pH 值有一定影响，需要根据所生产母种的品性来调节合适的 pH 值。通常选用 pH 值试纸测定已调配好的培养基，方法是将试纸浸入培养液中，取出与标准比色板比较变化了的颜色，找到与比色板上色带相一致者，其数值即为该培养基的 pH 值。如果 pH 值不符合所需要求，过酸（小于 7），可用稀碱（氢氧化钠）或碳酸氢钠溶液调整；

若过碱（大于7），则用柠檬酸、乙酸溶液调整。

⑤ 分装。将调节好 pH 值的培养基分装于玻璃试管中，试管规格为（18～20）厘米（长）×（18～20）毫米（口径）。新启用的试管，要先用稀硫酸溶液在烧杯中煮沸以清除管内残留的烧碱，然后用清水冲洗干净，倒置晾干备用，切勿现洗现用，以免因管壁附有水膜，导致培养基易在试管内滑动。分装试管时可使用漏斗式分装器，也可自行设计使用倒"V"字形虹吸式分装器。分装时先在漏斗或烧杯中加满培养基，用吸管先将培养基吸至低于烧杯中培养基液面，然后一手关住止水阀，另一手执试管接受流下来的培养基，达到所需量时，关闭止水阀（或自由夹），如此反复分装完毕。分装时尽量避免流出的培养基沾在近管口或壁上，如不慎粘上，要用纱布擦净，以免培养基粘住棉塞而影响接种和增加污染率。试管装量一般为试管高度的 1/5～1/4，不可过多，也不可过少。

分装完毕后试管口盖上棉塞，棉塞要用干净的普通棉花，做成上下粗细均匀，松紧适度，以塞好后手提时不掉为宜。棉塞长度以塞入试管内 1.5～2.0 厘米，外露 1.5 厘米左右为宜。然后 10 支捆成一捆，管口用牛皮纸或防潮纸包扎结实入锅灭菌。

**（3）灭菌**　将捆好的试管放入高压灭菌锅内灭菌。先在锅内加足水，将试管竖立于锅内，加盖拧紧，然后接通热源加热。由于不同型号的高压锅内部结构不完全相同，所以，操作时要严格按有关产品说明书进行，以免发生意外，加热时，当压力达到 0.1～0.11 兆帕开始计时，保持 30 分钟即可。灭菌完毕后，待压力降至零后打开排气阀排尽蒸汽，然后开盖，取出试管，趁热摆成斜面，其方法是在平整的桌面上放一根 0.8～1.0 厘米厚的长木条，将灭好菌的试管口向上斜放在木条上。斜面的长以不超过试管总长度的 1/2 为宜，冷却凝固后即成斜面培养基。将斜面试管取出 10～20 支，于 28℃下培养 24～48 小时，检查灭菌效果，如斜面无杂菌生长，方可作为斜面培养基使用（附图8）。

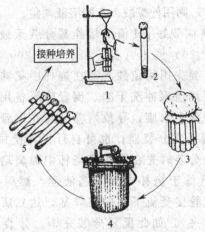

附图8　斜面培养基制作流程
1—分装试管；2—塞棉塞；3—打捆；
4—灭菌；5—摆成斜面

### 2. 菌种的分离

母种的分离母种的分离可分为孢子分离法、组织分离法和菇木分离法三种方法。

A. 孢子分离法　孢子分离有单孢分离和多孢分离两种，不论哪种均需先采集孢子，然后进行分离。

**(1) 种菇的选择和处理**　选用菇形圆整、健壮、无病虫害、七八成熟、性状优良的单生菇子实体作为种菇，去除基部杂质，放入接种箱中，用新洁尔灭或75％的乙醇进行表面消毒。

**(2) 采集孢子**　采集孢子的方法很多，最常用的有整菇插种法、孢子印法、钩悬法和贴附法。下面以整菇插种法为例，具体介绍其采孢及分离方法。

选取菌盖4～6厘米的子实体，切去菌柄，经表面消毒后插入下面有培养皿的孢子收集器内。盖上钟罩，让其在适温下自然弹射孢子，经1～2天，就有大量孢子落入培养皿内（附图9）。然后将孢子收集器移入无菌箱中，打开钟罩，去掉种菇，将培养皿用无菌纱布盖好，并用透明胶或胶布封贴保存备用。

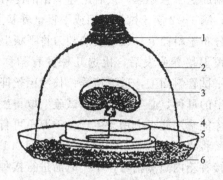

附图 9　整菇采孢法
1—包口纱布；2—玻璃钟罩；3—种菇；
4—培养皿；5—搪瓷盘；6—纱布

**(3) 孢子分离**　采集到的孢子不经分离直接接种于斜面上也能培育出纯菌丝，但在菌丝体中必然还夹杂有发育畸形或生产衰弱及不孕的菌丝。因此，对采集到的孢子必须经过分离优选，然后才能制作纯优母种。分离方法有以下两种。

①　单孢分离法。所谓单孢分离，就是将采集到的孢子群单个分开培养，让其单独萌发成菌丝而获得纯种的方法。此种方法多用于研究菌菇类生物特性和遗传育种，直接用于生产上较少，这里不予介绍。

②　多孢分离法。所谓多孢分离，就是把采集到的许多孢子接种到同一斜面培养基上，让其萌发和自由交配，从而获得纯种的一种制种方法。此法应用较广，具体做法可分斜面划线法、涂布分离法及直接培养法。下面介绍前两种分离法。

a. 斜面划线法。将采集到的孢子，在接种箱内按无菌操作规程，用接种针沾取少量孢子，在 PDA 培养基上自下而上轻轻划线接种，不要划破培养基表面。接种后灼烧试管口，塞上棉塞，置适温下培养，待孢子萌发后，挑选萌发早、长势旺的菌落，转接于新的试管培养基上再行培养，发满菌丝即为母种。

b. 涂布分离法。用接种环挑取少量孢子至装有无菌水的试管中，充分摇匀制成孢子悬浮液，然后用经灭菌的注射器或滴管，吸取孢子悬浮液，滴1～2滴于试管斜面或平板培养基上，转动试管，使悬浮液均匀分布于斜面上；或用玻璃利刀将平板上的悬浮孢子液涂布均匀。经恒温培养萌发后，挑选几株发育匀称、生长快的菌落，移接于另一试管斜面上，适温培养，长满菌丝即为母种。

以上分离出的母种，必须经过出菇试验，取得生物学特性和效应等数据后，才能确定能否应用于生产。千万不可盲从！

**（4）接种** 将培养基试管、注射器等器物用0.1％高锰酸钾溶液擦洗后放入接种箱内熏蒸消毒，半小时后进行接种操作。打开培养皿，用注射器吸取5毫升无菌水注入盛有孢子的培养皿中，轻轻摇动，使孢子均匀地悬浮于水中。把培养皿倾斜置放，因饱满孢子密度大，沉于底层，这样可起到选种的作用。用注射器吸取下层孢子液2～3毫升，然后再吸取2～3滴无菌水，将孢子液进一步稀释；将注射器装上长针头，针头朝上，静置数分钟后推去上部悬浮液，拔松斜面试管棉塞，把针头从试管壁插入，注入孢子液1～2滴，让其顺试管斜面流下，抽出针头，塞紧棉塞，放置好试管，使孢子均匀分布于培养基斜面上。

**（5）培养** 接种后将试管移入25℃左右的恒温箱中培养，经常检查孢子萌发情况及有否杂菌污染。在适宜条件下，3～4天后培养基表面就可看到白色星芒状菌丝。一个菌丝丛一般由一个孢子发育而成，当菌丝长到绿豆大小时，从中选择发育匀称、生长迅速、菌丝清晰整齐的单个菌落，连同一层薄薄培养基，移入另一试管斜面中间，在适温下培养，即得单孢子纯种。

B. 组织分离法 即采用菇体组织（子实体）分离获得纯菌丝的一种制种方法，这是一种无性繁殖法，具有取材容易、操作简便、菌丝萌发早、有利于保持原品种遗传性、污染率低、成功率高等特点。在制种上使用较普遍。具体操作如下。

挑选子实体肥厚、菇柄短壮、无病虫害、具本品系特征的七八成熟的鲜菇作种菇，切去基部杂质部分，用清水洗净表面，置于接种箱内，放入0.1％升汞溶液中浸泡1分钟，用无菌水冲洗数次，用无菌纱布吸干水渍，用经消毒的小刀将种菇剖开为二，在菌盖与菌柄相交处用接种镊夹取绿豆大一小块，移接在试管斜面中央，塞上棉塞，移入 25℃左右培养室内培养，当菌丝长满斜面，检查无杂菌污染后，即可作为分离母种（附图 10）。也可从斜面上挑选纯洁、健壮、生长旺盛的菌丝进行转管培养，即用接种针（铲）将斜面上的菌丝连同一层薄薄的培养基一起移到新的试管斜面上，在适温下培养，待菌丝长满，检查无杂菌后，即为扩繁的母种。

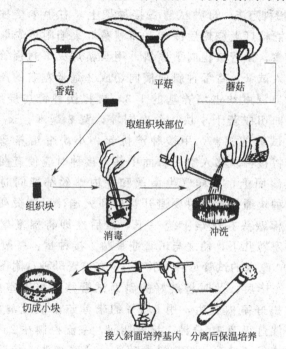

附图 10　组织分离操作过程

### 3. 母种的扩繁与培养

为了适应规模化生产，引进或分离的母种，必须经过扩大繁殖与培养，才能满足生产上的需要。母种的扩繁与培养，具体操作如下。

**（1）扩繁接种前的准备**　接种前一天，做好接种室（箱）的消毒工作。先将空白斜面试管、接种工具等移入接种室（箱）内，然后用福尔马林（每立方米空间用药5～10毫升）加热密闭熏蒸24小时，再用5%石炭酸溶液喷雾杀菌和除去甲醛臭气，待臭气散尽后入室操作。如在接种箱内播种，先打开箱内紫外线灯照射45分钟，关闭箱室门，人员离开室内以防辐射伤人。照射结束后停半小时以上方可进行操作。操作人员要换上无菌服、帽、鞋，用2%煤酚皂液（来苏尔）将手浸泡几分钟，并将引进或分离的母种用乙醇擦拭外部后带入接种室（箱）。

**（2）接种方法** 母种试管置接种架上，右手拿接种耙，将接种耙在酒精灯上烧灼后冷却，在酒精灯火焰附近先取掉母种试管口棉塞，试管口稍向下倾斜，用酒精灯火焰封锁管口，把接种耙伸入试管，将母种斜面横向切成2毫米左右的条，不要全部切断，深度约占培养基的1/3，再将接种铲灼烧后冷却，将母种纵向切成若干小块，深度同前，宽2毫米、长4毫米，拔去空白试管的棉塞，用接种铲挑起一小块带培养基的菌丝体，迅速将接种块移入空白斜面中部。接种时应使有菌丝的一面竖立在斜面上，这样气生菌丝和基内菌丝都能同时得到发育。在接种块通过管口时要避开管口和火焰，以防烫死或灼伤菌丝。将棉塞头在火焰上烧一下，然后立即将棉塞塞入试管口，将棉塞转几下，使之与试管壁紧贴。接种量：一般每支20毫米×200毫米的试管母种可移接35支扩繁母种（附图11）。

接种完毕后，及时将接好的斜面试管移入培养室中培养，移入前，搞好室内卫生，用0.1%的来苏尔溶液或清水清洗，并开紫外线灯灭菌30分钟。培养期间，室温控制在25℃左右，并注意检查发菌情况，发现霉菌感染，及时淘汰。待菌丝长满斜面即为扩繁母种。

## （四）原种和栽培种的制作

先由母种扩接为原种，再由原种转接为栽培种。

制作原种和栽培种的原料配方及制作方法基本相同。只因栽培种数量较大，一般用聚丙烯塑料袋装料。其工艺流程为：配料→分

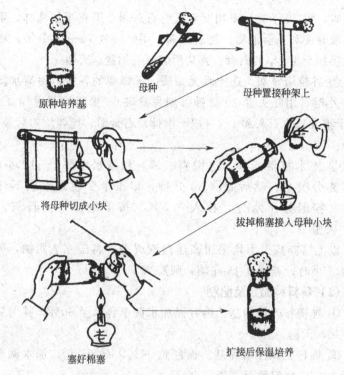

原种培养基　　母种　　母种置接种架上

将母种切成小块　　拔掉棉塞接入母种小块

塞好棉塞　　扩接后保温培养

附图 11　从母种扩接为原种的操作过程

装→灭菌→冷却→接种→培养→检验→成品。

## 1. 原料配方

原种和栽培种按培养基质不同可分为谷粒种和草料种；按基质状态又分为固体种和液体种。目前生产上广为应用的是固体种。常作谷粒种培养基的原料有小麦、大麦、玉米、谷子、高粱、燕麦等，常用作草料种培养基的原料有棉籽壳、稻草、木屑、玉米芯、豆秸等。此外还有少量石膏、麦麸、米糠、过磷酸钙、石灰、尿素等作为辅料，常用配方如下。

### (1) 谷粒种培养基及其配制

① 麦粒培养基。选用无霉变、无虫蛀、无杂质、无破损的小麦粒作原料，用清水浸泡 6～8 小时，以麦粒吸足水分至胀满为度，

浸泡时，每 50 千克小麦加 0.5 千克石灰和 2 千克福尔马林，用以调节酸碱度和杀菌消毒。然后入锅，用旺火煮 10～15 分钟，捞起控水后加干重 1％的石膏，拌匀后装瓶、加盖、灭菌。

② 谷粒培养基。选饱满无杂质、无霉变的谷粒，用清水浸泡 2～3 小时，用旺火煮 10 分钟（切忌煮破），捞起控水后加 0.5％（按干重计）生石灰和 1％（按干重计）石膏粉，搅拌均匀后装瓶、灭菌。

③ 玉米粒培养基。选饱满玉米，用清水浸泡 8～12 小时，使其充分吸水，然后煮沸 30 分钟，以玉米变软膨胀但不开裂为度。捞起控干水分，拌入 0.5％（按干重计）生石灰，装瓶、灭菌。

以上培养基灭菌均采用高压蒸汽灭菌，高压 0.2 兆帕，灭菌 2～2.5 小时；若用 0.15 兆帕，则需 2.5～3 小时。

**(2) 草料种配方及配制**

① 纯棉籽壳培养基。棉籽壳加水调至含水量 60％，拌匀后装瓶（袋）灭菌。

② 棉籽壳碱性培养基。棉籽壳 99％，石灰 1％，加水调至含水量 60％，拌匀装瓶（袋）、灭菌。

③ 棉籽壳玉米芯混合培养基。棉籽壳 30％～78％，玉米芯（粉碎）20％～68％，石膏 1％，生石灰 0.5％，加水调至含水量 60％，拌匀后装瓶（袋）、灭菌。

④ 玉米芯麦麸培养基。玉米芯（粉碎）82.5％，麦麸或米糠 14％，过磷酸钙 2％，石膏 1％，石灰 0.5％，加水调至含水量 60％，拌匀后装瓶（袋）、灭菌。

⑤ 木屑培养基。阔叶树木屑 79.5％，麦麸或米糠 19％，石膏 1％，石灰 0.5％，加水调至含水量 60％，拌匀后分装、灭菌。

⑥ 稻草培养基。稻草（粉碎）76.5％，麦麸 20％，过磷酸钙 2％，石膏 1％，石灰 0.4％，尿素 0.1％，加水调至含水量 60％，拌匀后装瓶（袋）、灭菌。

⑦ 豆秸培养基。大豆秸（粉碎）88.5％，麦麸或米糠 10％，

石膏 1％，石灰 0.5％，加水调至含水量 60％，拌匀后装瓶（袋）、灭菌。

以上各配方在有棉籽壳的情况下，均可适当增加棉籽壳用量。其作用有二：一是增加培养料透气性有利于发菌；二是其中的棉仁酚有利于菌丝生长。不论是瓶装还是袋装，都要松紧适度，装得过松，菌丝生长快，但菌丝细弱、稀疏、长势不旺；装得过紧，通气不良，菌丝生长困难。谷粒种装瓶后要稍稍摇动几下，以使粒间孔隙一致。其他料装瓶后要用锥形木棒（直径 2～3 厘米）在料中间打一个深近瓶底的接种孔，然后擦净瓶身，加棉塞和外包牛皮纸，以防灭菌时冷凝水打湿棉塞，引起杂菌感染。

用塑料袋装料制栽培种时，塑料袋不可过大，一般以 13～15 厘米宽、25 厘米长即可，每袋装湿料 400～500 克，最好使用塑料套环和棉塞，以利通气发菌。

### 2. 灭菌

灭菌是采用热力（高温）或辐射（紫外线）杀灭培养基表面及基质中所携带的有害微生物，以达到制种栽培中免受病虫危害的目的。因此灭菌的彻底与否，直接关系到制种的成败及质量的优劣。培养基分装后要及时灭菌，一般应在 4～6 小时内进行，否则易导致培养料酸败。不同微生物对高温的耐受性不同，因此灭菌时既要保证一定的温度，又要保证一定的时间，才能达到彻底灭菌的目的。

制作原种和栽培种时，常用的灭菌方法有高压蒸汽灭菌法和常压蒸汽灭菌法。这两种灭菌方法，其锅灶容量较大，前者适合原种，后者适于栽培种生产。

**（1）高压蒸汽灭菌法**　就是利用密封紧闭的蒸锅，加热使其锅内蒸汽压力上升，使水的沸点不断提高，锅内温度增加，从而在较短时间内杀灭微生物（包括细菌芽孢），是一种高效快捷的灭菌方法。主要设备是高压蒸汽灭菌锅，有立式、卧式、手提式等多种形式，大量制作原种和栽培种，多使用前两种。使用时要严守操作规程，以免发生事故。高压锅内的蒸汽压力与蒸汽温度有一定的关系，蒸汽温度与蒸汽压力成正相关，即蒸汽温度越高，所产生的蒸汽压力就越大，见附表 1 所示。

**附表 1　蒸汽温度与蒸汽压力对照表**

| 蒸汽温度/℃ | 蒸汽压力 /(磅力/英寸²) | 蒸汽压力 /(千克力/厘米²) | 蒸汽压力 /兆帕 |
|---|---|---|---|
| 100.0 | 0.0 | 0.0 | 0.0 |
| 105.7 | 3 | 0.211 | 0.0207 |
| 111.7 | 7 | 0.492 | 0.0482 |
| 119.1 | 13 | 0.914 | 0.0896 |
| 121.3 | 15 | 1.055 | 0.1035 |
| 127.2 | 20 | 1.406 | 0.1379 |
| 128.1 | 22 | 1.547 | 0.1517 |
| 134.6 | 30 | 2.109 | 0.2068 |

　　注：此表引自贾生茂等，中国平菇生产。1 磅力/英寸² = 6894.76 帕。1 千克力/厘米² = 98.0665 千帕。

　　因此，从高压锅的压力表上可以了解和掌握锅内的蒸汽温度的高低及蒸汽压力的大小。如当压力表上的读数为 0.211 千克力/厘米² 或 0.0207 兆帕时，其高压锅内的蒸汽温度即为 105.7℃。一般固体物质在 0.14～0.2 兆帕下，灭菌 1～2.5 小时即可。使用的压力和时间要依据原料性质和容量多少而定，原料的微生物基数大、容量多时用的压力相对要高，灭菌时间要长，才能达到彻底灭菌的效果。不论采用哪种高压灭菌器灭菌，灭菌后均应让其压力自然下降，当压力降至零时，再排汽，汽排净后再开盖出料。

　　**(2) 常压蒸汽灭菌法**　即采用普通升温产生自然压力和蒸汽高温（98～100℃）以杀灭微生物的一种灭菌方法。这种灭菌锅灶种类很多，可自行设计建造。它容量大，一般可装灭菌料 1500～2000 千克（种瓶 2000～4000 个），很适合栽培种培养基或熟料栽培原料的灭菌。采用此法灭菌时，料瓶（袋）不要码得过紧，以利蒸汽串通；火要旺，装锅后在 2～3 小时间使锅内温度达 98～100℃，开始计时，维持 6～8 小时。灭菌时间可根据容量大小而定，容量大的灭菌时间可适当延长，反之可适当缩短。灭菌中途不能停火或加冷水，否则易造成温度下降，灭菌不彻底。灭菌完后不要立即出锅，用余热将培养料在锅内闷一夜后再出锅，这样既可达到彻底灭菌的目的，又可有效地避免因棉塞受潮而引起杂菌感染。

**3. 冷却接种**

**(1) 冷却**　灭菌后将种瓶（袋）运至洁净、干燥、通风的冷却室或接种室让其自然冷却，当料温冷却至室温（30℃以下）时方可接种。料温过高时接种容易造成"烧菌"。

**(2) 消毒**　接种前，要用甲醛和高锰酸钾等对接种室进行密闭熏蒸消毒（用量、方法如前所述），用乙醇或新洁尔灭等对操作台的表面进行擦拭。然后打开紫外线灯照射 30 分钟，半小时后开始接种。使用超净工作台接种时，先用 75% 酒精擦拭台面，然后打开开关吹过滤空气 20 分钟。无论采用哪种方法接种，均要严格按无菌操作规程进行。

**(3) 接种方法**　一人接种时，将母种（或原种）夹在固定架上，左手持需要接种的瓶（袋），右手持接种钩、匙，将母种或原种取出迅速接入瓶（袋）内，使菌种块落入瓶（袋）中央料洞深处，以利菌丝萌发生长。二人接种时，左边一人持原种或栽培种瓶（袋），负责开盖和盖盖（或封口），右边一人持母种或原种瓶及接种钩，将菌种掏出迅速移入原种或栽培种瓶（袋）内。袋料接种后，要注意扎封好袋口，最好套上塑料环和棉塞，既有利于透气，又有利于防杂。

**4. 培养发菌**

接种后将种瓶（袋）移入已消毒的培养室进行培养发菌（简称培菌）。培菌期间的管理主要抓以下两项工作。

**(1) 控制适宜的温度**　如平菇（侧耳类的代表种）菌丝生长的温度范围较宽，但适宜的温度范围转窄，且不同温型的品种，菌丝生产对温度的需求又有所不同，因此，要根据所培养的品种的温型及适温范围对温度加以调控。菌丝生长阶段，中低温型品种一般应控温在 20~25℃，广温和高温型品种以 24~30℃ 为宜。平菇所有品种的耐低温性都大大超过其对高温的耐受性。当培养温度低于适温时，只是生长速度减慢，其生活力不受影响；当培养温度高于适温时，菌丝生长稀疏纤细，长势减弱，活力弱。因此，培养温度切忌过高。

为了充分利用培养室空间，室内可设多层床架用以摆放瓶（袋）进行立体培养。如无床架，在低温季节培菌时，可将菌种瓶（袋）堆码于培养室地面进行墙式培养。堆码高度一般 4～6 瓶（袋）高，堆码方式，菌瓶可瓶底对瓶底双墙式平放于地面；菌袋可单袋骑缝卧放于地面。两行瓶（袋）之间留 50～60 厘米人行道，以便管理。为了受温均匀，发菌一致，堆码的瓶（袋）要进行翻堆。接种后 5 天左右开始翻堆，将菌种瓶（袋）上、中、下相互移位。随着菌丝的大量生长，新陈代谢旺盛，室温和堆温均有所升高，此时要加强通风降温和换气。如温度过高，要及时疏散菌种瓶（袋），确保菌丝正常生长。

**(2) 检查发菌情况** 接种后，发菌是否正常，有无杂菌感染，这都需要通过检查来发现，并及时、处理。一般接种后 3～5 天就要开始进行检查，如发现菌种未萌发、菌丝变成褐色或萎缩，则需及时进行补种，此后，每隔 2～3 天检查一次，主要是查看温湿度是否合适，有无杂菌污染。如温度过高，则需及时翻堆和通风降温。如发现有霉菌感染，局部发生时，注射多菌灵或克霉灵，防止扩大蔓延；污染严重时，剔除整个瓶（袋）。当多数菌种菌丝将近长满时，进行最后一次检查，将长势好，菌丝浓密、洁白、整齐者分为一类，其他分为一类，以便用于生产。

## (五) 菌种质量鉴定

生产出来的菌种是否合格，能否用于生产，是一个非常重要的问题，菌种生产者和栽培者均应认真加以对待，否则如生产或使用了劣质菌种，必将造成重大经济损失。侧耳类菌种的质量标准（包括一级、二级、三级种）一般主要包括以下几个方面。

**1. 合格菌种标准**

**(1) 菌丝体色泽** 洁白，无杂色；菌种瓶（袋）上下菌丝色泽一致。

**（2）菌丝长势** 斜面种，菌丝粗壮浓密，呈匍匐状，气生菌丝爬壁力强。原种和栽培种菌丝密集，长势均匀，呈绒毛状，有爬壁现象，菌丝长满瓶（袋）后，培养基表面有少量珊瑚状小菇蕾出现。

**（3）二级、三级种培养基色泽** 淡黄（木屑）或淡白（棉籽壳），手触有湿润感。

**（4）有清香味** 打开菌种瓶（袋）可闻到菇类的特殊香味，无异味。

**（5）无杂菌污染** 肉眼观察培养基表面无绿、红、黄、灰、黑等杂菌出现。

**2. 不合格或劣质菌种表现**

① 菌丝稀疏，长势无力，瓶（袋）上下生长不均匀。原因是培养料过湿，或装料过松。

② 菌丝生产缓慢，不向下蔓延。可能是由于培养料过干或过湿，或培养温度过高所致。

③ 培养基上方出现大量子实体原基，说明菌种已成熟，应尽快使用。

④ 培养基收缩脱离瓶（袋）壁，底部出现黄水积液，说明菌种已老化。

⑤ 菌种瓶（袋）培养基表面可见绿、黄、红等菌落，说明已被杂菌感染。

以上①、②、③种情况可酌情使用，但应加大用种量；④、⑤种情况应予淘汰，绝对不能使用。

**3. 出菇试验**

所生产的菌种是否保持了原有的优良种性，必须通过出菇试验才能确定，具体做法如下。

采用瓶栽或块栽方法，设置 4 个重复，以免出现偶然性。瓶栽法与三级菌种的培养方法基本相同，配料、装瓶、灭菌、接种后置适温下培养，当菌丝长满瓶后再过 7 天左右，即可打开瓶盖让其增氧出菇。块栽法即取三级种的培养基用 33 厘米见方、厚 6 厘米的

4个等量的木模（或木箱）装料压成菌块，用层播或点播法接入菌种，置温、湿、气、光等适宜条件下发菌、出菇。发菌与出菇期均按常规方法进行管理。

在试验过程中，要经常认真观察、记录菌丝的生长和出菇情况，如种块的萌发时间、菌丝生长速度、吃料能力、出菇速度、子实体形态、转潮快慢、产量高低及质量优劣等表现，最后通过综合分析评比，选出菌丝生长速度快、健壮有力、抗病力强、吃料快、出菇早、结菇多、朵形好、肉质肥厚、转潮快，即产量高、品质好的作为合格优质菌种供应菇农或用于生产。

也可直接将培养好的二级或三级菌种瓶、袋，随意取若干瓶、袋（一般不少于10瓶、袋），打开瓶、袋口或敲碎瓶身或划破袋膜，使培养料外露，增氧吸湿，或覆上合适湿土让其出菇。按上述要求进行观察和记载，最后挑选出表现优良的菌株作种用。

掌握了以上制种技术，很多侧耳类品种的菌种就基本上可以生产了。

# 二、液体菌种发酵罐生产规程

据陕西省科学院酶工程研究所王丽娥等（2009）报道，食用菌液体菌种由于有利于高效率、工厂化、规范化栽培，解决了食用菌集约化生产中的难题，且与固体菌种相比具有生产周期短、菌龄一致、出菇齐、成本低、纯度高、活力强等优点，越来越受到食用菌栽培者的青睐，已成为食用菌菌种生产的发展趋势。但由于发酵罐的操作需要较强的专业知识，提高发酵成功率一直是普通生产者的使用难题。笔者经过几年对70型发酵罐的生产实践，总结出了该设备高成功率的实用化规范化操作规程，供大家借鉴。

## （一）食用菌液体菌种生产的工艺流程

罐的清洗和检查→煮罐→配料→灭滤芯、无菌水、接种枪及软管的无菌→上料→灭菌（安装滤芯计时开始时开气泵吹干滤芯）→

培养基冷却（先接进气管后放，并瓶）→发酵罐接种（第 2 天装袋灭菌）→培养→接菌袋（瓶）。

## （二）操作要点

### 1. 清洗与检查

发酵罐在每次使用后或再次使用之前都必须进行彻底清洗，除去罐壁的菌球、菌块、料液及其他污物。对于内壁黏附的污物可以用木棒包扎软布揩拭，洗罐水从罐底接种阀排出。如有大的菌料（块）不能排出，可卸下进气管的喷嘴排出菌料（块）。清洗好的标准为：罐内壁无悬挂物，无残留菌球，排放的水清澈无污物。

罐清洗完毕即可加水，加水量以超过加热管为宜（绝对禁止加热管干烧）。然后启动设备，检查控制柜、加热管工作是否正常，各阀门有无渗漏，检查合格后方能开始工作。

### 2. 煮罐

正常生产不须煮罐，上一次生产完只需将罐洗净就可进入下一批生产。如果有下列情况之一者须煮罐：①新罐，初次使用需要煮罐；②上一次污染杂菌的罐；③更换生产品种的罐；④长时间不用的罐。

煮罐是对罐内进行预消毒的过程，具体操作方法：①关闭罐底部的接种阀和进气阀，把水从进料口加入至视镜中线，盖上进料口盖，拧紧，关闭排气口。②启动电源，按控制柜灭菌键 4 秒，屏幕上两个加热指示灯亮，此时设备进入灭菌状态。③当温度达到 100℃后排放冷气，微微打开排气阀直至灭菌结束。④当控制柜显示屏上的温度为 123℃、压力表压力为 0.12 兆帕时，控制柜自动计时，显示屏上交叉显示温度和计时时间。当时间达 35 分钟后，控制柜自动报警，此时按控制柜报警停止键，并关闭排气阀，闷 20 分钟后，打开排气阀、接种口、进气口，把罐内的水放掉，煮罐结束。在煮罐的同时进行配料、消毒滤芯及接种枪。

### 3. 滤芯、滤芯上盖及进气管、接种枪及软管的灭菌

拆下滤芯外壳灭菌，也可整体灭菌。进气管口、接种枪及软管口

用 8～10 层医用脱脂纱布包扎。装锅时，滤芯向下，滤芯上盖接口处的出气管无折角、盘管无折角，口向上，瓶上盖一层聚丙烯塑料膜。0.05 兆帕排气循环 2 次或打开排气阀待冒大汽后灭菌 5～10 分钟，0.11 兆帕温度 121℃ 计时 40 分钟，保持 0.11～0.15 兆帕，低于 0.11 兆帕要重新计时。

### 4. 上料

关闭下端进气阀和接种阀（出料口），将漏斗插入进料口，将料液由进料口倒入或用水泵抽入处理好的发酵罐中，加泡敌 3 瓶盖（矿泉水瓶盖）约 12 毫升，用水冲洗煮料锅，装料量为罐体总容量的 60%～80%。加料高度以高于视镜上边缘 10 厘米为宜（至标牌 1 的一半处，最高不超过标牌 1），拧紧进料口盖，以防泄气。

### 5. 培养基灭菌

关闭所有阀门，启动电源，按控制柜灭菌键 4 秒，加热 I、II 的指示灯亮，此时进入灭菌状态。控制柜显示屏的温度达 100℃ 时排放冷气，微微打开排气阀直至灭菌结束。在加热前期（100℃ 前）料液很少翻腾，发酵罐底部料液因沉淀黏度增大更易黏附于加热棒上变糊，料液中出现少量糊块或小片。为防止产生糊料，可在培养基达到 100℃ 前，使未过滤的空气直接通入以起到搅拌作用。

当控制柜显示屏上的温度为 123℃、压力表压力为 0.12 兆帕时，控制柜自动计时，显示屏上交叉显示温度和灭菌时间。计时开始时排料，在 35 分钟内前、中、后期（0 分钟、17 分钟、30 分钟）排 3 次料，排料方法是微开进气口和接种口阀门，有少量气、料排出即可，每次排料 3～5 分钟。3 次共排料 3～5 升，少于 3 升达不到目的，大于 5 升浪费（每升可接 50 袋）。排料目的：一是排出阀门处生料；二是对阀门管路进行杀菌。当灭菌计时到 35 分钟，控制柜自动报警，此时按控制柜停止报警键，培养基灭菌结束。

灭菌时，打扫煮料用具，安装空气过滤器（滤芯必须在使用前 30 分钟灭好菌），在灭菌计时时打开气泵（气泵自打开后一直不可停），此时不接进气管，使压缩机干吹 30 分钟，目的是吹干滤芯。

### 6. 培养基冷却

培养基冷却，是把培养基温度由 123℃ 降至 25～28℃ 的过程。可采用两种冷却方法：一是通冷水，利用循环冷却水进行冷却降温；二是接管通气，在培养料灭菌最后一次放料后，用火焰灼烧进气口 10～20 秒，迅速接上进气管，但由于此时罐压还很高，不能立即通气，可通过调整贮气罐（也叫油水分离器）底阀使气压维持在 0.12 兆帕左右，同时缓慢开大培养罐顶部的排气阀，待罐压降至 0.1 兆帕时即可关闭贮气罐底阀，微开排气阀，"先接后放"，待贮气罐的压力高于罐压 0.02 兆帕开阀进气，使培养基在气体的搅拌下迅速降温，并一直通气供氧直至培养结束。待高于培养温度 2℃ 关掉冷却水，可延长加热管寿命。正常情况下，70 型发酵罐冷却至培养温度约需 60 分钟。

### 7. 发酵罐接种

首先要准备好火圈（棉花缠紧，用纱布套上）、打火机、95％ 工业酒精、手套（耐热、耐火，不可用石棉手套和预湿手套等用品）。然后开大排气阀，罐压接近 0 时关闭，利用火焰保护进行罐内接种，把火圈放在进料口的上方点燃，快开进料口盖（气泵不能关闭），从火焰的中部将橡胶塞拔下，迅速倒入菌种，把进料口盖过火焰烧后盖好，拧紧，熄灭火焰，移走火圈，接种完毕。

### 8. 培养

启动设备控制柜进入培养状态，微开排气阀使罐压至 0.02～0.04 兆帕，检查培养温度和空气流量 1～2 米³/小时以上，即可进入培养阶段。根据品种温型，选择培养程序，常规品种选培养 I 挡（24～26℃），高温品种选培养 II 挡（28～31℃）。设备启动后自动进入培养 I 程序，操作按键控制柜自动转换为培养 II 程序，在培养过程中根据菌丝的溶氧要求控制供氧量，一般来讲控制空气流量在 1.2～1.5 米³/小时，对于各种食用菌菌种都较为合适。为降低气泵工作压力，可将流量计调至最大，此时罐内压力为 0.02 兆帕，过滤系统的压力在 0.04～0.06 兆帕，罐压低于 0.02 兆帕易染杂菌，高于 0.04 兆帕会降低寿命，气体气泡直径变小，溶氧减少。

每天放去贮气罐底下的水。

**9. 取样观察**

接种 24 小时后，每隔 12 小时可从接种口取样 1 次，观察菌种萌发和生长情况，一般掌握"三看一闻"原则：一看菌液颜色，正常菌液颜色纯正，虽有淡黄、橙黄、浅棕色等颜色，但不浑浊，大多越来越淡（蜜环菌、鸡腿菇、木耳变深）。二看菌液澄清度，大多澄清透明（木耳、灵芝有些乱菌丝），培养前期略显浑浊，培养后期菌液中没有细小颗粒及絮状物，因而菌液会越来越澄清透明，否则为不正常。三看菌球周围毛刺是否明显及菌球数量的增长情况，食用菌菌球都有小小毛刺，或长或短，或软或硬（白金针菇硬刺）。在 48～72 小时，菌球浓度增长较快，体积分数≥80％即可接袋。若变浑浊、霉味、酒味、颜色深，说明已坏。一闻是闻菌液气味，料液的香甜味随着培养时间的延长会越来越淡，后期只有一种淡淡的菌液清香味。木耳、金针菇香味淡，白灵菇香味浓，灵芝有药味，香菇淡酒糟味。

注：实际接袋时间以取样为准，静置 5 分钟，菌球既不漂浮，也不沉淀、菌液澄清透明，菌球、菌液界限明显，袋内温度降至 30℃ 以下（第 1 天接液体罐，第 2 天装袋）。若无菌袋，关闭启动电源，冷水降至 15℃ 下，可保持 2 天。

**10. 接菌包**

液体菌种培养好后，在火焰的保护下接好接种管，不停泵，关小排气阀，待压力稳定在 0.03～0.05 兆帕时接种。

**11. 注意事项**

① 滤芯，耐蒸汽杀菌 130℃ 200 小时。当不用时，应拆下用报纸包上放在阴凉干燥处保存。使用时禁止料液倒流损坏滤芯，如发现发酵罐倒流现象时，应把滤芯用热水浸泡（不能刮、不能刷洗），打开压缩机通气流将各孔的料液吹出，阴凉处晾干。

② 培养过程中突然停电，应立即关闭排气阀和进气阀，并用打气筒在贮气罐的进气口打气（进气罐内的气体必须经过过滤器的过滤），待贮气罐的压力达到 0.10 兆帕时，打开进气阀进气，可听

到"咕噜、咕噜"的进气声，当气体进罐的声音渐弱时，关闭进气阀，再次打气。如此反复操作，直到罐压升至 0.05～0.10 兆帕时保压即可，待来电正常供气培养。也可用氧气瓶代替打气筒持续向罐内供气培养，直至来电再进入正常培养状态。

# 三、无公害菇菌的生产要求

菇菌被公认为"绿色保健食品"而受到人们的普遍欢迎。但随着工农业的不断发展，环保工作相对滞后，生态环境受到污染的程度越来越高，大量的农药、化肥和激素等有毒化学物质污染，对菇菌生产带来了较大的伤害，严重影响了菇菌及其产品的质量和风味。特别是在我国"入世"之后，菇菌及其产品在国际市场上面临着严峻的挑战，如菇体被污染，将难以进入国际市场。因此无公害菇菌的生产迫在眉睫，势在必行。

## （一）食用菇菌生产中的污染途径

在菇菌生产和加工中，总体来说有以下途径导致菇菌被污染。

### 1. 栽培原料的污染

食用菌的栽培原料多为段木、木屑、棉籽壳、稻草和麦秸等农作物下脚料。有些树木长期生长在汞或镉元素富集的地方，其木材内汞和镉的含量较高。棉籽壳中含有一种棉酚为抗生育酚，对生殖器官有一定危害；汞被人体吸收后重者可出现神经中毒症状；镉被人体吸收后，可危害肾脏和肝脏，并有致癌的危险。此外还有铅等重金属元素，也会直接污染栽培料。如果大量、单一采用这些原料栽培菇菌，上述有害物质就会不同程度地进入菌体组织，人们长期食用这类食品，就会将这些毒物富集于体内，最终导致损害人体健康。

### 2. 管理过程中的污染

菇菌的生产过程中，要经过配料、装瓶（袋）浇水、追肥及防治病虫害等工序。在这些工序中如不注意，随时都有可能造成污染。在消毒灭菌时，常采用 37％～40％ 的甲醛等作为消毒剂；在防治病虫害时常用多菌灵、敌敌畏、氧化乐果乃至剧毒农药 1605 等，这些物质均有较多的残留量和较长时间的残留毒性，易对人体产生毒害。此外，很多农药及有害化学物质，均易溶解和流入水中，如使用此种不洁水浇灌或浸泡菇菌（加工时），也会污染菌体进而危害人体。

**3. 产品加工过程中的污染**

**(1) 原料的污染** 菇菌的生长环境一般比较潮湿，原料进厂后如不及时加工，又堆放在一起，会因自然发热而引起腐烂变质，加工时若没有严格剔除变质菇体，加工成的产品本身就已被污染。

**(2) 添加剂污染** 菇菌在加工前和加工过程中，常采用焦亚硫酸钠、稀盐酸、矮壮素、比久及调味剂、着色剂、赋香剂等化学药物进行护色、保鲜及防腐。尽管这些药物用量很小，有的在加工过程的其他工序中就反复清洗过，且食用时也要充分漂洗，但毕竟难以彻底清除毒素，多少总会残留某些毒物，对人体存在着潜在的毒性威胁。

**(3) 操作人员污染** 采收鲜菇和处理鲜菇原料的人员，手足不洁净；或本身患有甲肝或肺结核等传染病，或随地吐痰等，都会直接污染原料和产品。

**(4) 操作技术不严导致污染** 菇菌产品加工工序较多，稍一放松，某道工序就可能导致污染。如盐渍品盐的浓度过低；罐制品杀菌压力不够，时间不足，排气不充分，密封不严等，均能让有害细菌残存于制品中继续为害，进而导致产品败坏。尽管菌类制品的细菌污染多属非致病菌，但也会污染致病菌，以致产生毒素危害人体。

**(5)** 生产、加工用水要清洁卫生，严禁使用污染水源，要用符合饮用水标准的水。

**4. 贮藏、运输、销售等流通环节中的污染**

我国目前食用菌的出口产品为干制、盐渍、冷藏、速冻等初加工产品，不论如何消毒灭菌，多数制品均属商业性灭菌，因此产品本身仍然带菌，只是条件合适的情况下，所带细菌不能大量繁殖，使产品得以保存。一旦温度条件发生变化，如冷藏设备失调、干制品受潮、盐渍品盐度降低等，都会导致产品败坏，以致重新被污染。在产品运输途中，如运输工具不洁，在销售过程中，如贮藏不当、包装破损、货架期长，也能被污染。

# （二）防止菇菌生产及产品被污染的措施

## 1. 严格挑选和处理好培养料

① 一定要选用新鲜、干燥、无霉变的原料作培养料。

② 尽量避免使用施过剧毒农药的农作物下脚料作培养料。

③ 最好不要使用单一成分的培养料，多采用较少污染的多成分的混合料。

④ 各种原料使用前都要在阳光下进行暴晒，借阳光中的紫外线杀灭原料中携带的部分病菌和虫卵。

⑤ 大力开发和使用污染较少的"菌草"如芒萁、类芦、斑茅、芦苇、五节芒等作培养料。

## 2. 在防治菇菌病虫害时，严格控制使用高毒农药

菇菌在栽培过程中，在防病治虫时，施用的药物一定要严格选用高效低毒的农药，在出菇时绝对不要施用任何药物。杀虫剂可选用乐果、敌百虫、杀灭菌酯和生物性杀虫剂如青白菌、白僵菌及植物性杀虫剂如除虫菊酯等，还可选用驱避剂樟脑丸和避虫油及诱杀剂糖醋液等。熏蒸剂可用磷化铝取代甲醛。杀菌剂可选用代森铵、稻瘟净、井冈霉素及植物杀菌素（大蒜素）等。这些药物对病虫均有较好的防治作用，而对环境和食用菌几乎无污染。

## 3. 产品加工时使用的护色、保鲜、防腐剂应尽量选用无毒的化学药剂

我国已开发和采用抗坏血酸（即维生素 C）和维生素 E 及氯化钠（即食盐）等进行护色处理，并收到理想效果，其制品色淡味鲜，对人体有益无害。有条件的最好采用辐射保鲜。可杀灭菌体内外微生物和

昆虫及酶活力，不留下任何有害残留物。

为确保安全，现将有关保鲜防腐剂的限定用量列于附表2。

附表2　几种菇菌产品保鲜防腐剂的限定用量

| 物质名称 | 限定用量 | 使用方法 |
|---|---|---|
| 氯化钠(食盐) | 0.6%;0.3% | 浸泡鲜菇10分钟 |
| 氯化钠＋氯化钙 | 0.2%＋0.1% | 浸泡鲜菇30分钟 |
| L-抗坏血酸液 | 0.1% | 喷鲜菇表面至湿润或注罐 |
| L-抗坏血酸液＋柠檬酸 | 0.5%＋0.02% | 浸泡鲜菇10~20分钟 |
| 稀盐酸 | 0.05% | 漂洗鲜菇体 |
| 亚硫酸钠 | 0.1%~0.2% | 漂洗和浸泡鲜菇10分钟 |
| 苯甲酸钠(安息香酸钠) | 0.02%~0.03% | 作汤汁注入罐、桶中 |
| 山梨酸钠 | 0.05%~0.1% | 作汤汁注入罐、桶中 |
| γ射线照射 | $(250~400)×10^3$拉德 | 鲜菇及产品在放射源前通过 |
| $^{60}Co$γ射线照射 | 5万~10万拉德 | 鲜菇及产品在放射源前通过 |

注：1拉德＝10毫戈瑞。

### 4. 产品加工要严格选料和严守操作规程

① 采用鲜菇作原料的食品，原料必须绝对新鲜，并要严格剔除病虫危害和腐烂变质的菇体；采收前10天左右，不得施用农药等化学药物，以防残毒危害人体。

② 操作人员必须身体健康，凡有肺炎、支气管炎、皮炎等病患者，一律不得从事食用菌等产品的加工操作。

③ 要做到快采、快装、快运、快加工，严格防止松懈拖拉现象发生，以免导致鲜菇败变。

④ 在加工过程中，对消毒、灭菌、排气密封、加汤调味等工序，要严格遵守清洁、卫生、定量、定温、定时等规定，切不可偷工减料，以免消毒灭菌不彻底或排气密封不严等，而导致产品被污染和变质。

### 5. 产品的贮存、运输及销售中，要严防污染变质

① 加工的产品，不论是干品还是盐渍品及罐制品，均要密封包装，防止受潮或漏气而引起腐烂。

②贮存处要清洁卫生、干燥通风，并不得与农药、化肥等化学物质和易散发异味、臭气的物品混放，以防污染产品。

③在运输过程中，如路程较远、温度较高时，一定要用冷藏车（船）装运；有条件的可采用空运。车船运时，要定时添加一定量的冰块等降温物质，防止在运输过程中因高温而引起腐败变质。

④出售时，产品要置于干燥、干净、空气流通的货架（柜）上，防止在货架期污染变质。并要严格按保质期销售，超过保质期的产品不得继续销售，以免损害消费者健康。

# 四、鲜菇初级保鲜方法

绝大多数菇菌鲜品含水量均较高（一般均在 90% 以上），新鲜，嫩脆，一般不耐贮藏，尤其在温度较高的条件下，若逢出菇高峰期，如不能及时鲜销或加工，往往导致腐烂变质，失去商品价值，造成重大经济损失。因此，必须对鲜品进行初级保鲜，以减少损失，确保良好的经济效益。现将有关技术介绍如下。

## （一）采收与存放

采收鲜菇时，应轻采轻放，严禁重抛或随意扔甩，以防菇体受震破碎，采下的菇要存入专用筐、篮内，其内要先垫一层白色软纸，一层层装满装实（不要用手压挤），上盖干净的湿布或薄膜，带到合适地点进行初加工。

## （二）初加工处理

将采回的鲜菇，一朵朵去掉菌类基部所带培养基等杂物，分拣出遭受病虫害的菇体，适当修整好畸形菇，剪去过长的菌柄，对整丛或过大的菌体进行分开和切小，再分装于转动箱（筐）中，也可分成 100 克、200 克、250 克、500 克及 1000 克的中小包装。鲜香菇等名贵菇类，可按菇体肥厚、菇形大小基本一致，进行精品包装或等级包装。不论采用何种包装，最好尽快上市鲜销，不能及时鲜销时，置低温、避光通风地做短暂贮藏。

## （三）保鲜方法

### 1. 低温保鲜法

低温保鲜即通过低温来抑制鲜菇的新陈代谢及腐败微生物的活动，使之在一定的时间内保持产品的鲜度、颜色和风味不变。常用的方法有以下几种。

**（1）常规低温保鲜**　将采收的鲜菇经整理后，立即放入筐内、篮中，上盖多层湿纱布或塑料膜，置于冷凉处，一般可保鲜 1～2 天左右。如果数量少，可置于洗净的大缸内贮存。具体做法：在阴凉处置缸，缸内盛少许清水，水上放一木架，将装在筐、篮内的鲜菇放于木架上，再用塑膜封盖缸口，塑膜上开 3～5 个透气孔。在自然温度 20℃ 以下时，对双孢蘑菇、草菇、金针菇、平菇等柔质菌类短期保鲜效果良好。

**（2）冰块制冷保鲜**　将小包装的鲜菇置于三层包装盒的中格，其他两格放置用塑料袋包装的冰块，并定时更换冰块。此法对草菇、松茸等名贵菌类有良好的短期保鲜作用（空运出口时更适用）。也可在装鲜菇的塑料袋内放入适量干冰或冰块，不封口，于 1℃ 以下可存放 18 天，6℃ 可存放 13～14 天，但贮藏温度不可忽高忽低。

**（3）短期休眠保藏**　香菇、金针菇等采收的鲜品，先置 20℃ 下放置 12 小时，再于 0℃ 左右的冷藏室中处理 24 小时，使其进入休眠状态，保鲜期可达 4～5 天。

**（4）密封包装冷藏**　将采收的香菇、金针菇、滑菇等鲜菇立即用 0.5～0.8 毫米厚聚乙烯塑料袋或保鲜袋密封包装，并注意将香菇等的菌褶朝上，于 0℃ 左右保藏，一般可保鲜 15 天左右。

**（5）机械冷藏**　有条件的可将采收的各种鲜菇，经整理包装后立即放入冷藏室、冷库或冰箱中，利用机械制冷，调控温度 1～5℃，空气湿度 85%～90%，可保鲜 10 天左右。

**（6）自然低温冷藏**　在自然温度较低的冬季，将采收的鲜菇直接放在室外自然低温下冷冻（为防止菇体变褐或发黄，可将鲜菇在0.5％柠檬酸溶液中漂洗10分钟）约2小时，然后装入塑料袋中，用纸箱包装，置于低温阴棚内存放，可保鲜7天左右。

**(7) 速冻保藏**　对于一些珍贵的菌类，如松茸、金耳、口蘑、羊肚菌、鸡油菌、美味牛肝菌等在未开伞时，用水轻度漂洗后，在竹席等上薄层摊开，置于高温蒸汽密室熏蒸5～8分钟，使菇体细胞失去活性，并杀死附着在菇体表面的微生物。熏蒸后将菇体置1％的柠檬酸液中护色10分钟，随即吸去菇体表面水分，用玻璃纸或锡箔袋包装，置-35℃低温冰箱中急速冷冻40分钟至1小时后移至-18℃下冷冻贮藏，可保鲜18个月。

**(8) 杀酶保鲜**　将采收的鲜菇按大小分装于筐内，浸入沸腾的开水中漂烫4～8分钟，以抑制或杀灭菇体内的酶活性，捞出后立即浸入流水中迅速冷却，达到内外温度均匀一致，沥干水分，用塑料袋包装，置冰箱或冷库中贮藏，可保鲜10天左右。

### 2. 气调保鲜法

气调保鲜就是通过调节空气组分比例，以抑制生物体（菇菌类）的呼吸作用，来达到短期保鲜的目的。常用方法有以下几种。

① 将鲜香菇等菇类贮藏于含氧量10％～20％、二氧化碳40％、氮气58％～59％的气调袋内于20℃下贮藏，可保鲜8天。

② 用纸塑复合袋包装鲜香菇等菇类，加入适量天然去异味剂，于5℃下贮藏，可保鲜10～15天。

③ 用纸塑复合袋包装鲜香菇等菇类，在包装袋上打若干自发气调孔，于15～20℃下贮藏，可保鲜3天以上。

④ 真空包装保鲜：用0.06～0.08毫米厚的聚乙烯塑膜袋包装鲜金针菇等菇类3～5千克，用真空抽提法抽出袋内空气，热合封口，结合冷藏，保鲜效果很好。

### 3. 辐射保鲜法

辐射保鲜就是用$^{60}Co$ $\gamma$射线照射鲜菇体，以抑制菇色褐变、破膜、开伞、达到保鲜的目的，这是目前最新的一种保鲜方法。

① 以$^{60}Co$ $\gamma$射线照射装在聚乙烯袋内的鲜双孢菇等菇类，照

射剂量为（250～400）×10³ 拉德❶，于 10～15℃下贮存，可保鲜 15 天左右。

　　② 以⁶⁰Co γ 射线照射鲜蘑菇等菇类，照射剂量为 5 万～10 万拉德，贮藏在 0℃下，其鲜菇颜色，气味与质地等商品性状保持完好。

　　③ 以⁶⁰Co γ 射线照射处理纸塑复合袋装鲜草菇等，照射剂量为 8 万～12 万拉德，于 14～16℃下，可保鲜 2～3 天。

　　④ 以⁶⁰Co γ 射线照射鲜松茸等，照射剂量为 5 万～20 万拉德，于 20℃下可保鲜 10 天。

　　辐射保鲜，是食用菌贮藏技术的新领域，据联合国粮农组织、国际原子能机构及世界卫生组织联合国专家会议确认，辐射总量为 100 万拉德时，照射任何食品均无毒害作用，可作商品出售。因此，我国卫生部规定：自 1998 年 6 月 1 日起，凡辐射食品一定要贴有关辐射食品标志才能进入国内市场。

### 4. 化学保鲜法

　　化学保鲜即使用对人畜安全无毒的化学药品和植物激素处理菇类以延长鲜活期而达到保鲜目的的一种方法。

　　**(1) 氯化钠**（即食盐）**保鲜**　将采收的鲜蘑菇、滑菇等整理后浸入 0.6%盐水中约 10 分钟，沥干后装入塑料袋内，于 10～25℃下存放 4～6 小时，鲜菇变为亮白色，可保鲜 3～5 天。

　　**(2) 焦亚硫酸钠喷洒保鲜**　将采收的鲜口蘑、金针菇等摊放在干净的水泥地面或塑料薄膜上，向菇体喷洒 0.15%的焦亚硫酸钠水溶液，翻动菇体，使其均匀附上药液，用塑料袋包装鲜菇，立即封口贮藏于阴凉处，在 20～25℃下可保鲜 8～10 天（食用时要用清水漂洗至无药味）。

　　**(3) 稀盐酸液浸泡保鲜**　将采收的鲜草菇等整理后经清水漂洗晾干，装入缸或桶内，加入 0.05%的稀盐酸溶液（以淹没菇体为宜），在缸口或桶口加盖塑料膜，可短期保鲜（深加工或食用时用

---

❶ 1 拉德＝1 毫戈瑞，全书余同。

清水冲洗至无盐酸气味）。

**（4）抗坏血酸保鲜**　草菇、香菇、金针菇等采收后，向鲜菇上喷洒 0.1％的抗坏血酸（即维生素 C）液，装入非铁质容器，于 $-5℃$ 下冷藏，可保鲜 24～30 小时。

**（5）氯化钠与氯化钙混合保鲜**　将鲜菇用 0.2％氯化钠加 0.1％氯化钙制成的混合液浸泡 30 分钟，捞起装于塑料袋中，在 16～18℃ 下可保鲜 4 天，5～6℃ 下可保鲜 10 天。

**（6）抗坏血酸与柠檬酸混合液保鲜**　用 0.02％～0.05％的抗坏血酸和 0.01％～0.02％的柠檬酸配成混合保鲜液，将采收的鲜菇浸泡在此液中 10～20 分钟，捞出沥干水分，用塑料袋包装密封，于 23℃ 贮存 12～15 小时，菇体色泽乳白，整菇率高，制罐商品率高。

**（7）比久（B9）保鲜**　比久的化学名称是 N-二甲氨基琥珀酰胺，是一种植物生长延缓剂。以 0.001％～0.01％的比久水溶液浸泡蘑菇、香菇、金针菇等鲜菇 10 分钟后，取出沥干装袋，于 5～22℃ 下贮藏可保鲜 8 天。

**（8）麦饭石保鲜**　将鲜草菇等装入塑料盒中，以麦饭石水浸泡菇体，置于 $-20℃$ 下保存，保鲜期可达 70 天左右。

**（9）米汤碱液保鲜**　用做饭时的稀米汤，加入 1％纯碱或 5％小苏打，溶解搅拌均匀，冷却至室温备用。将采收的鲜菇等浸入米汤碱液中，5 分钟后捞出，置阴凉干燥处，此时蘑菇等表面形成一层米汤薄膜，用以隔绝空气，可保鲜 12 小时。

# 五、菇菌工厂化栽培成功的要素

据福建省武平县众益农业发展公司钟孟义（2009）报道，是他从事食用菌工厂化栽培实践近十年，成功创办了全国第一家设施栽培鸡腿菇工厂。

食用菌的工厂化栽培属多学科行业，是技术性和专业性很强的项目，其中包含微生物学、机械、制冷、自动控制等多专业技术。工厂化栽培食用菌与传统的季节栽培具有本质的区别。工厂化栽培食用菌的特点是出菇一致、整齐、周转快。

为了实现工厂化栽培，必须有先进的设备（包括配套的机制和控制系统）、适合的菌株和培养料配方以及配套的栽培工艺才能完成。因此这是构成工厂化栽培的四大要素。四大要素之间相互影响，只有良好的设施配套及与设施相适应的菌株和配方，结合相适应的栽培工艺，才能保证工厂化栽培食用菌的成功，发挥工厂化栽培食用菌的最大效益。

# （一）栽培设施

这里主要指培养房和出菇房的环境控制设备。控制设备主要包括温度控制系统、通风（$CO_2$）控制系统和空气湿度控制系统。

## 1. 温度控制系统

温度是食用菌生长的最主要因素之一。不同的品种对温度的要求不同。不同地理位置和气候条件，制冷机组的选择也不同。创造适宜的不同阶段要求的最佳温度是工厂化栽培食用菌成功的关键。所以保证食用菌不同阶段要求的温度能够自由调控是设施最基本的要求。

### （1）制冷量的确定

① 菌丝生长最旺盛时培养料发热所需的制冷量。

② 最大通风量时所消耗的制冷量（包括水蒸气热量）。

③ 墙体的散热量。

选择压缩机制冷量时在以上计算得到的制冷量总和的基础上再加 30% 左右。

### （2）蒸发器的选择

库房里的温度调整是通过蒸发器的热交换来完成的，只有一定的蒸发面积（热交换面积）和单位时间内一定的热交换风量，才能确保库房温度自由调整。从制冷的角度来说，食用菌生产的培养房及出菇房均属高温冷库。由于环境湿度较大，为了防止蒸发器结霜，特别是库温要求较低的时候，其蒸发温度低于 0℃，因此蒸发器铝翅片片距要求加大。一般情况下 1 匹（2500 瓦）制冷量配蒸发面积 8~17 米²，蒸发温度 4~8℃，蒸发器风机风量要求 150～220 米³/(小时·千瓦)。冷风机蒸发温度与房温的温差越小，库房湿度越大。蒸发面积越大，风机风量越大，库房温差越小，冷风机蒸发温度每提高 1℃，制冷量增加 4%。为了提高单位时间内换热量，必须相应增加蒸发面积和风机风量。

**(3) 冷凝器配套**　在南方一般用水冷凝器，在北方一般用风冷凝器。冷凝器的选择是根据当地平均气温来确定的。冷凝温度的高低影响整个制冷机组的制冷量，冷凝温度降低可以增加制冷量。所以适当加大冷凝器，可以降低冷凝温度，从而增加制冷量。经验是根据压缩机制冷量增大 1 级（约 5 匹），比如制冷量 20 匹的压缩机配 25 匹冷凝器。冷凝器中每匹要求 3 米长铜管，才能保证足够的冷却能力。

**(4) 相关单位换算关系**

① 1 瓦＝0.86 千卡/小时　1 千卡/小时＝1.163 瓦

② 1 匹＝2500 瓦（风冷机组）　1 匹＝3000 瓦（水冷机组）

③ 1 美国冷吨（USRT）＝3.517 千瓦　1 千瓦＝0.284 美国冷吨（USRT）

**(5) 库房温度设置**　库房温度设置以中心温度为准、上下至少 3℃的温差，否则夏天外界气温过高时，冷机频繁启动不仅增加了启动消耗电量，而且空气湿度下降，增加保湿难度。因为不同温度空气的持水能力不同，持水能力随气温的升高而增加。就室内而言，温度降低减少了空气持水率，空气相对湿度增加；当温度提高时，空气持水率增加，菇表与空气湿度差增大，菇表向空气蒸发加快，从而使菇体水分散发加快。

**2. 通风控制系统**

包括新鲜空气交换和内循环系统。不同食用菌品种，甚至同品种不同菌株对通风的要求不同。

**(1) 新鲜空气交换**　有两种方式。一种是连续通风：保持库内 $CO_2$ 浓度维持在一定水平，连续地保持一定量的新鲜空气交换；另一种方式为定时通风：保持 $CO_2$ 浓度不超过规定要求，定时短时间内将房内气体交换彻底。连续通风的控制可以通过调整风机转速和风门大小来进行；定时通风控制根据库房空间大小、风机风量大小及不同品种对通风的要求来确定通风的时间长短，通风的间隔时间根据品种要求和生长阶段而定。通风量的确定根据品种和生长阶段而定。风机的大小和型号的确定也因品种、库房规格、通风要求而定。只有确定了风机，根据库房规格及该品种对 $O_2$ 的要求才能确定通风的具体时间，并非传统的所谓"一天通风几次，一次多少时间"。

**(2) 内循环** 为了保持库房温度和 $O_2$ 均匀一致，必须有足够的内循环来保证。内循环时间及风量的确定，根据不同品种、库房床架的设计和规格、不同生长阶段而定。方式有两种：一种是定时内循环方式；另一种是连续内循环方式。其控制方式同新鲜空气交换。

**3. 湿度控制系统**

不同品种、不同生长阶段对环境的湿度要求不同，一般来说菌丝生长阶段要求空气湿度较低，出菇阶段要求空气湿度较高。出菇阶段空气湿度要求不得超过 95%，因为菇的生长所需的养分、水分都是通过菇蒸腾作用来运输的，提高空气湿度只是为了减少蒸发造成的菇失水过快。只有菇体表面与空气有一定湿度差时，菇才有足够的蒸腾作用，否则会抑制养分和水分的运输，阻止菇的生长，造成死菇或发生病害。加湿一般采用高压喷雾加湿和超声波喷雾加湿，可以连接湿度探头进行自动控制。

## (二)菌株选择

适合设施栽培的菌株与传统季节栽培菌株具有较大的差别。设施栽培的菌株要求：①菌丝生长较快，抗性强；②菌丝吸收转化营养快和产量集中在第一潮菇；③适宜较高 $CO_2$ 浓度环境下生长。

① 为了缩短菌丝生长周期，加快周转率，选育在设施中菌丝

生长速度快且健壮的菌株，是设施化栽培菌株选育的基本目标。

②同品种不同菌株在自然季节栽培和设施栽培条件下表现的性状是不一样的，其分解转化木质素、纤维素和利用氮源能力也不一样，选育出在设施中分解转化能力较强的菌株，是提高生物转化率最有效的方法。

③设施栽培是通过设施对环境的调控来创造最适的食用菌生长的环境条件（温度、$O_2$、湿度）。因为在高温季节制冷、通风、空气湿度的保持是相互矛盾的，设施栽培就是通过设施的控制系统来调控达到适合该品种生长环境的平衡点，不同菌株的平衡点不同。如果该菌株能适合较高 $CO_2$ 浓度生长，则可减少菇房空气与外界空气的交换，从而减少温度、通风与湿度之间的矛盾。所以在菌株选择和选育上选出适合较高 $CO_2$ 浓度下生长的菌株是设施化栽培菌株选择的方向。

## （三）培养料配方

很多工厂化栽培食用菌的失败，往往是由于配方不合理造成的。配方的不合理，不仅加长了周转期，而且严重影响了菌丝生长的一致性，造成菌包菌龄不一致，出菇不整齐。不同的品种、不同的菌株具有不同的最适宜配方，同一菌株对不同材料的分解吸收具有选择性。在选择配方组合时除了充分考虑配方的营养性状外，在设施栽培中还应该充分考虑其物理性状，即通气性和保水性。这样既能保证菌丝生长有充分的营养，又能保证充足的氧气及水分，加快菌丝生长，缩短生长周期。

传统季节栽培食用菌的配方要求后期营养充足，菌丝对于配方中的营养吸收转化较慢，往往要好几潮菇才能将配方中的营养完全转化吸收。工厂化栽培的配方要求为：①菌丝生长速度快，尽量缩短生长周期；②营养充足且能够被菌丝一次性充分转化吸收，一潮菇产量能占总产量的 80% 以上；③物理性状良好，能最大限度地让菌丝生长均匀整齐。为了缩短周期，充分提高设备的利用率和周转率，寻找适合该菌株生长的最适配方是设施工厂化栽培食用菌增加效益最行之有效的途径。

## (四) 优良的栽培工艺

包括装袋、灭菌、菌种、接种方式、周转运输、培养和出菇方式、培养房和出菇房的设计及规格、环境因子的调控、病虫害预防及相关配套机械设备等的工艺。

### 1. 装袋

装袋时培养料的松紧度和装袋规格的选择，不同品种的要求是不同的。装袋时力求松紧度和装袋规格均匀一致，这是保证菌丝生长速度一致的基础。

### 2. 灭菌

灭菌方式的选择，特别是可操作性强，是影响灭菌成品率的关键。因为灭菌是一刻不能松懈的，只有保证连续的足够的蒸汽量或蒸汽压力才能保证灭菌彻底，这对灭菌操作人员要求有极强的责任心。灭菌操作性强可以减少灭菌人员的疏忽，从而减少灭菌失败的风险。

### 3. 菌种

为了保证缩短菌丝生长周期和菌龄一致，菌种类型的选择是很关键的。选择液体菌种、颗粒菌种、枝条菌种和棉籽壳木屑菌种，因接种方式不同而异。

### 4. 接种方式

有传统的经典的接种箱接种和无菌室接种，其方式的确定因规模、品种而定。

### 5. 周转运输

工厂化栽培中装袋、灭菌、接种利用周转筐周转是最基本要求之一。整个生产过程尽量减少人为接触菌包是检验工厂化程度的重要指标之一。现在很多工厂已经发展到培养和出菇均用周转筐。

### 6. 培养和出菇方式

培养与出菇方式有墙式和层架式两种，采用哪种方式也因品种不同而异。

### 7. 培养房、出菇房的设计及规格

根据日产量、不同的品种、当地的气候条件和场地的地形风向而定。

### 8. 环境因子的调控

即温度、通气、水分、光线等生长因子的调控方式和调控方法，因设施配备、库房设计和品种的不同而异。探究最适合的调控方法来满足不同生长阶段对环境的要求，是一个细致的工作。

### 9. 病虫害预防

以防为主。通过选育抗病、生长快、适应设施栽培的菌株，配合良好的配方，培育强壮的菌丝来增强抗病性，同时结合物理防治和定期对环境的化学防治。

### 10. 机械设备

包括拌料、装袋、灭菌、运输周转、喷雾加湿机械等配套机械。

工厂化栽培食用菌的成功是所有工艺细节的总和，哪个细节出问题都有可能带来灭顶之灾；而每出现一个问题一定有某个或多个细节出问题。所有的工艺细节都要充分考虑其操作性，操作性不强则容易在操作中出现细节问题。当然，技术主管也必须是对微生物、机械、制冷、自动控制等专业知识熟悉的复合型人才，这是工厂化栽培食用菌成功的保证。

工厂化栽培食用菌的基本理念是：一致、整齐、周转快。工厂化栽培食用菌的四大要素都是围绕这一基本理念来考虑和开展的，只有真正做到了这四大要素的优良结合，把握每个工艺细节，才能充分发挥工厂化栽培食用菌的最大效益。

# 参 考 文 献

[1] 黄年来主编.18种珍稀名贵食用菌栽培.北京,中国农业出版社,1997.

[2] 何培新主编.名特新食用菌30种.北京:中国农业出版社,1999.

[3] 陈士瑜主编.珍稀菇菌栽培与加工.北京:金盾出版社,2003.

[4] 丁湖广,彭彪主编.名贵珍稀菇菌生产技术问答.北京:金盾出版社,2011.

[5] 罗信昌等编著.食用菌杂菌及防治.北京:中国农业出版社,1994.